浙江省普通高校"十三五"新形态教材

Creo 7.0 基础教程

主　编　冯　方

副主编　潘　慧

参　编　黄朝阳　祁一洲

机械工业出版社

本书介绍了 Creo 7.0 软件基本建模的方法，包括草图绘制、零件设计、装配设计、工程图样制作和机构运动仿真设计等。各章节采用用文字阐述各知识点要点及注意事项，用二维码视频详细讲解知识点的具体应用的介绍方法。另外每个知识点配备大量的应用案例和习题，在应用案例的视频讲解过程中采用双遍教学法，即第一遍大致讲解应用案例建模的基本思路及建模过程中可能采用的不同方法和可能遇到的问题，第二遍详细讲解应用案例的具体建模过程。这种方式使读者能理解主编操作步骤的意图，跟上教学节奏，便于自己实践动手操作。

本书的亮点：内容不烦琐，采用视频讲解代替传统的文字步骤，易学易懂，并配有大量习题以帮助读者巩固各知识点。

本书可作为普通高等学校和各类培训学校 CAD/CAM 课程的教材或参考书，也可作为广大工程技术人员学习三维机械设计的自学教材和参考书。

图书在版编目（CIP）数据

Creo 7.0 基础教程/冯方主编. —北京：机械工业出版社，2023.4
（2024.8 重印）

浙江省普通高校"十三五"新形态教材

ISBN 978-7-111-72331-8

Ⅰ. ①C… Ⅱ. ①冯… Ⅲ. ①计算机辅助设计-应用软件-高等学校-教材 Ⅳ. ①TP391.72

中国国家版本馆 CIP 数据核字（2023）第 031349 号

机械工业出版社（北京市百万庄大街 22 号 邮政编码 100037）
策划编辑：王勇哲　　　　　　责任编辑：王勇哲
责任校对：贾海霞 李 婷　　　封面设计：张 静
责任印制：李 昂
北京捷迅佳彩印刷有限公司印刷
2024 年 8 月第 1 版第 2 次印刷
184mm×260mm・12 印张・292 千字
标准书号：ISBN 978-7-111-72331-8
定价：39.80 元

电话服务　　　　　　　　　网络服务
客服电话：010-88361066　　机 工 官 网：www.cmpbook.com
　　　　　010-88379833　　机 工 官 博：weibo.com/cmp1952
　　　　　010-68326294　　金 书 网：www.golden-book.com
封底无防伪标均为盗版　　机工教育服务网：www.cmpedu.com

前　言

　　本书是浙江省普通高校"十三五"新形态教材。

　　Creo 是美国 PTC 公司旗下的一款 CAD/CAM 一体化三维软件。Creo 以参数化著称，是参数化技术的最早应用者，在目前的三维造型软件领域中占有重要地位，是现今主流的 CAD/CAM 软件之一，在国内产品设计领域也占有重要位置。Creo 由最初的 Pro/EN-GINEER 升级而成，在可用性、易用性和联通性上做了很大的改变，能够让学习者在较短的时间内以较低的成本开发产品，从而快速响应市场需求。

　　本书介绍了 Creo 7.0 软件基本建模的方法，包括草图绘制、零件设计、装配设计、工程图样制作和机构运动仿真设计等，各章节采用用文字阐述各知识点要点及注意事项，用二维码视频详细讲解知识点的具体应用的介绍方法。另外每个知识点配备大量的应用案例和习题，在应用案例的视频讲解过程中采用双遍教学法，即第一遍大致讲解应用案例建模的基本思路及建模过程中可能采用的不同方法和可能遇到的问题，第二遍详细讲解应用案例的具体建模过程。这种方式使读者能理解主编操作步骤的意图，跟上教学节奏，便于自己实践动手操作。

　　本书的亮点：内容不烦琐，采用视频讲解代替传统的文字步骤，易学易懂，并配有大量习题以帮助读者巩固各知识点。另请注意：本书中形同"【××】"的文字表示此文字在相应的图中出现。

　　本书由冯方担任主编，潘慧担任副主编，参编者还有黄朝阳、祁一洲。

　　本书可作为普通高等学校和各类培训学校 CAD/CAM 课程的教材或参考书，也可作为广大工程技术人员学习三维机械设计的自学教材和参考书。

编　者

目　录

第1章

绪论

1.1 三维软件概述

在工科类专业中，大部分都有工程制图这门课程，特别是机械类专业，工程制图是一门专业基础课程，而工程制图中的重点是二维工程图样的识图和绘图。对于简单的图形，如图 1-1 所示的简单二维图，能相对方便地进行工程图样的识图和绘图，但对于复杂的工程图样，如图 1-2 所示的复杂二维图，有时需要借助三维模型进行识图，而且复杂工程图样使用二维软件进行绘图有些力不从心，这时也需要借助三维软件进行零件的建模，进而完成二维工程图样的自动生成。

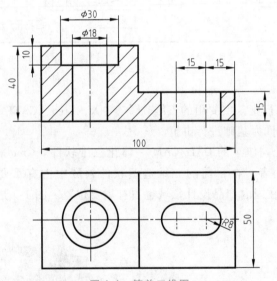

图 1-1　简单二维图

另外，利用三维软件也能极大地缩短产品设计的周期，可以很方便地对零件进行强度校核，优化零件的尺寸；可以很方便地进行产品的运动仿真，排除零件之间的干涉问题；还可以很方便地对产品型号系列进行参数更改，而且不需要重新绘制图形。三维软件已经成为机械设计、制造行业必备的工具。

目前市面上三维软件有很多种，功能也有很大区别。有仅能进行产品设计的 CAD（Computer Aided Design）软件，如 SolidWorks、Autodesk Inventor、SolidEage 等；有 CAD/CAM（Computer Aided Design and Manufacturing）软件，如 NX、Creo、CATIA 及国产的 CAXA 等。

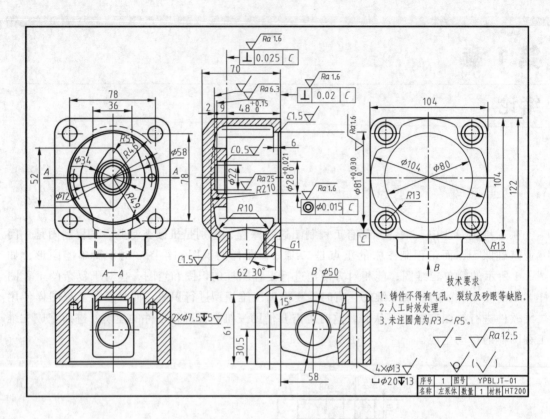

图 1-2 复杂二维图

对于机械装备制造行业，主要用的三维软件有 NX、Creo、CATIA、SolidWorks 及国产的 CAXA，本书以 Creo 软件为基础进行讲解。

Creo 是美国 PTC 公司旗下的 CAD/CAM 一体化三维软件。Creo 软件以参数化著称，是参数化技术的最早应用者，在目前的三维造型软件领域中占有重要地位，是现今主流的 CAD/CAM 软件之一，在国内产品设计领域也占有重要位置。图 1-3 是利用 Creo 软件绘制装配完成的齿轮泵爆炸图。

图 1-3 利用 Creo 软件绘制的齿轮泵爆炸图

Creo 三维软件由最初的 Pro/ENGINEER 升级而成，在可用性、易用性和联通性上做了很大的改变，能够让学习者在较短的时间内以较低的成本开发产品，从而快速响应市场需求。

Creo 7.0 有不同的模块，利用不同的模块，可完成零件设计、产品装配、数控加工、模具设计、钣金设计、机构分析等。

1.2 Creo 7.0 软件的安装

在安装 Creo 7.0 之前，必须合法获得 PTC 公司的软件使用许可证，这是一个文本文件，该文件是根据用户计算机上的网卡物理地址赋予的，具有唯一性。

在设置中找到网络属性，找到当前计算机的物理地址，如：70-B5-E8-5E-3A-90（图1-4），将该物理地址发送给 PTC 公司获得许可证文件。将获得的许可文件放在自己指定的目录，本书放在 C 盘的根目录，文件名为 "PTC_D_SSQ.dat"。

安装时，双击系统安装目录下的 SETUP.EXE，选择安装新软件，按提示进行多步的下一步安装，直到出现如图1-5所示的导入许可证文件，

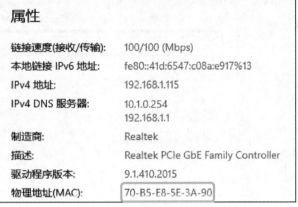

图 1-4 网卡物理地址

此时单击打开文件图标，选中上面的文件 "PTC_D_SSQ.dat"，单击【确定】按钮，如对话框出现可用，即可进行下一步安装。

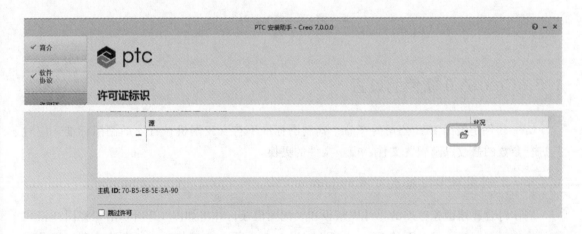

图 1-5 导入许可证文件

下一步选择需要安装的模块，如图1-6所示，一般来讲基础的 Creo 软件安装只需要安装 Creo Parametric 模块，Creo Common Files 是一些基础文件，所以必须安装，其他模块，如 Creo Simulate、Creo Direct、Creo Render Studio 等根据自己的需要选择性安装。

单击【确定】按钮后即开始进行软件的安装，安装进程全部完成即可使用。

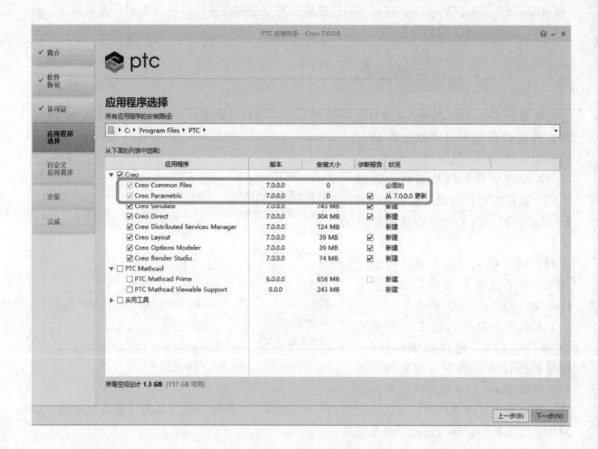

图 1-6　安装模块选择

1.3　Creo 7.0 软件的设置

Creo 软件是美国 PTC 公司的产品，其制图标准不符合我国机械行业的制图标准，应对其进行参数的修改以及配置文件、模板文件的更换。

1.3.1　工程图样图纸格式模板的加载

制作符合我国国家标准的零件图模板和装配图模板，并将如图 1-7 所示的工程图样格式模板文件复制到安装目录下的 Common Files \ formats \ 下。由于模板文件制作烦琐，涉及很多软件内部变量，因此这里只提供模板而不讲解模板的制作过程。这里提供的模板中，"-1"为图框竖放的，"-2"为图框横放的，使用时应根据工程图样的实际情况进行选择。

1.3.2　零件图、装配图模板的更换

在 Creo 软件中默认的公制（即米制）零件图和装配图模板中，为了同前面的工程图格式模板配套，需要在公制零件图和装配图模板文件中添加一些参数，这将在后续章节中具体

讲解，这里就将已经修改好的两个模板复制到安装目录下的 Common Files \ templates \ 下。

零件图模板：mmns_part_solid_rel. prt 和 mmns_part_solid_abs. prt。

装配图模板：mmns _ asm _ design _ rel. asm 和 mmns_asm_design_abs. asm。

注意在 Creo 7.0 版本中，公制模板分别有两种：abs 和 rel。abs（absolute）指绝对精度，选择 mmns_part_solid_abs 模板新建的实体模型是一个默认设置绝对精度值为 0.01 的实体模型；rel（relative）指相对精度，选择 mmns_part_solid_rel 模板新建的实体模型是一个默认设置相对精度值为 0.0012 的实体模型。

在进入零件建模模块后，在文件菜单下的【准备】|【模型属性】中即可以看到模型的精度设置，如图 1-8 所示。

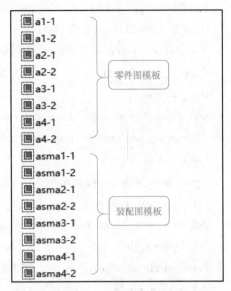

图 1-7 工程图样格式模板

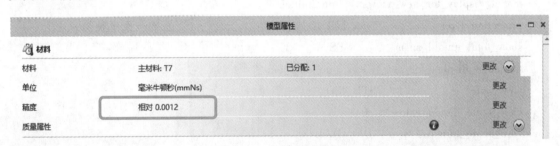

图 1-8 模型属性

1.3.3 Creo 系统环境设置

Creo 的系统环境设置主要用来控制 Creo 的界面环境、模型显示方式、单位的选择、默认模板的选择以及语言的选择等。自定义系统环境变量以符合国家标准，自定义系统环境变量一般放在 CONFIG. PRO 文件中，CONFIG. PRO 文件一般放在两个地方：①Creo 安装目录 \ Common Files \ text \ ；②Creo 的起始目录下。

建议将其放在 CREO 安装目录 \ Common Files \ text \ 下。另外，由于工程图样的配置相对复杂，需单独建立一个文件（CNS-China. dtl）用于配置工程图样系统变量，同时要求在 CONFIG. PRO 中有地址指向，但建议将两个文件放在同一文件夹中。

下面为 CONFIG. PRO 文件的内容：

drawing_setup_file "填入文件指向地址"\CNS-China. dtl　　//设置工程图样配置文件地址

template_solidpart mmns_part_solid_abs. prt　　//修改零件图模板为公制

template_mfgmold mmns_mfg_mold_abs. asm　　//修改模具装配图模板为公制

template_sheetmetalpart mmns_part_sheetmetal_abs. prt　　//修改钣金图模板为公制

template_designasm mmns_asm_design_abs. asm　　//修改装配图模板为公制

template_mfgnc mmns_mfg_nc_abs. asm   //修改数控加工模板为公制

下面为 CNS-China. Dtl 文件的部分主要内容：

! These options control text not subject to other options

drawing_text_height   3. 500000   //设置文本的高度

text_thickness   0. 350000

text_width_factor   0. 850000

! These options control views and their annotations

broken_view_offset   5. 000000

create_area_unfold_segmented   YES

def_view_text_height   0. 000000

def_view_text_thickness   0. 000000

detail_circle_line_style   solidfont

detail_circle_note_text   DEFAULT

detail_view_circle   ON

half_view_line   SYMMETRY

model_display_for_new_views   no_hidden

projection_type   FIRST_ANGLE   //设置第一象限投影

show_total_unfold_seam   YES

tan_edge_display_for_new_views   no_disp_tan

view_note   STD_ISO

view_scale_denominator   0

view_scale_format   DECIMAL

1.3.4 设置工作目录

Creo 软件在进行产品设计时，需要众多零件组装成产品，并可能包含零件图和装配图，

这些众多的文件需要统一管理，方便维护，在 Creo 软件中采用工作目录的方式进行维护，故在进行一个新产品设计时，需要创建或更换工作目录。Creo 软件中设置工作目录的方式有两种：

1）双击"Creo Parametric"图标，打开软件，在【**主页**】工具栏下【**选择工作目录**】，如图 1-9 所示（注意：黑体加下划线文字表示该文字在图中出现，后面雷同不再说明）。

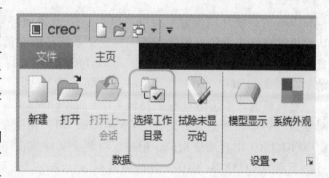

图 1-9 设置工作目录

2）在"Creo Parametric"软件图标上右击，单击属性，出现【**Creo Parametric 属性**】对话框，如图 1-10 所示，设置【**起始位置**】。

图 1-10 Creo Parametric 属性对话框

建议采用第一种方式。要养成设置工作目录的良好习惯，这样能够保证所有绘制的模型文件以及装配模型、工程图样在同一工作目录中，避免文件丢失或文件不关联的现象发生，例如当零件模型和装配模型在两个文件夹中时，再次打开装配模型就会出现错误。

1.4 Creo 软件的基本操作

1.4.1 Creo Parametric 软件界面

CREO 软件界面会因为功能模块的不同而不同，图 1-11 所示的 Creo Parametric 零件建模窗口包含以下元素：功能区、标题栏、快速访问工具栏、图形控制工具栏、导航栏、消息区、智能选取栏、图形窗口和快捷菜单等。

1）功能区：功能区包含【文件】下拉菜单和命令选项卡，当前只显示其中一组选项卡内的命令按钮，并对命令按钮进行分组，也可以自定义功能区，在功能区中右击即弹出快捷菜单，选择"自定义功能区"即可。

2）标题栏：显示软件的版本以及打开文件的文件名。

3）工具栏：Creo 软件中的工具栏有两种，快速访问工具栏（放置常用的命令按钮）和图形控制工具栏（浮于图形窗口上，主要控制图形的显示）。

4）导航栏：导航栏包括"模型树""文件夹浏览器"和"收藏夹"。这里最主要的是"模型树"，用来显示零件建模的具体过程。

5）消息区：在用户操作软件的过程中，消息区会实时地显示与当前操作相关的提示消息，用来引导操作步骤。消息区有一个可见的边线，将其与图形区分开，若要增加或减少可见消息行的多少，可将鼠标指针置于边线上，按住鼠标左键，即可移动边线增加或减少消息行数。

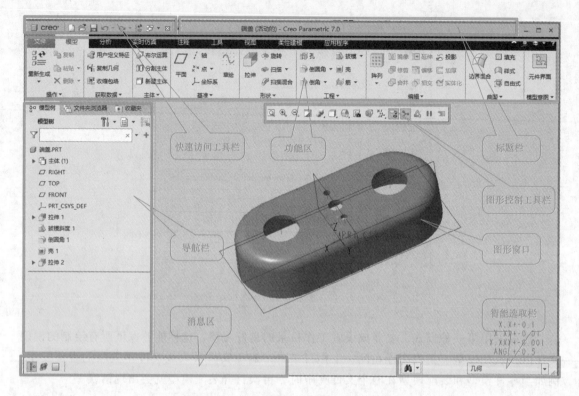

图 1-11　Creo Parametric 零件建模窗口

6）智能选取栏：智能选取栏也称过滤栏，主要用于快速选取某种所需要的元素（如几何、基准等）。

7）图形窗口：用来显示绘制的三维模型。

8）快捷菜单：单击图形的各种元素会弹出浮动的快捷菜单，右击图元会弹出另外的快捷菜单。

1.4.2　新建、打开、关闭和保存文件

Creo 软件中新建、打开、关闭和保存文件的方法与其他软件有所区别，一般先操作【选择工作目录】，如【选择工作目录】为 CH1，保证新建的文件在工作目录里保存。

1）新建文件。如图 1-12 所示，新建文件时注意【类型】的选择（创建零件时【类型】选择【零件】，【子类型】选择【实体】）和模板的选择，这里勾选【使用默认模板】，因为前面已经设置好了默认模板。

2）打开文件。可以打开多个文件，但只有一个是活动窗口，如图 1-13 所示，即执行的所有操作只能在活动窗口中进行，不过 Creo 7.0 版本可以通过 Windows 任务栏很方便地切换活动窗口。

3）关闭文件。通常的【关闭】，只是关闭窗口，而没有关闭文件，或者说没有从内存中消除，这时仍可以从内存中打开文件，要真正从内存中消除，应选择【文件】菜单下【管理会话】中的"【拭除未显示的】"命令。或全部关闭文件后，在功能区单击"【拭除未

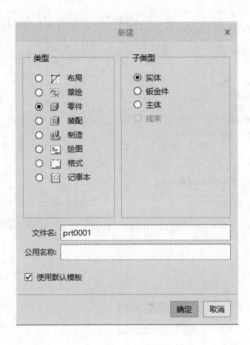

图 1-12 新建文件

图 1-13 活动窗口

显示的】"按钮（图 1-9）。例如新建一个文件，然后关闭，此时再次打开文件，如图 1-14 所示，虽然在当前看不到已关闭的文件，但当单击**【在会话中】**时，则会出现已经关闭的文件名字，当再次双击打开时，此文件里创建的模型仍然存在（注意这里"在会话中"是一种错误翻译，应翻译成"在内存中"）。

4）保存文件。前面已经关闭的文件虽然可以再次打开，但它实际是没有保存的，当退出软件后，不会保存该文件，软件也不会提示保存，所以在 Creo 软件中要学会如何保存文件。Creo 中新保存的文件并不会覆盖原来的文件，而是在原来文件名的基础上递增 1 重新命名，如图 1-15 所示。采用这种方式后，会造成很多重复的文件，所以可以采用文件菜单下管理文件中的删除旧版本来删除以前保存的旧文件，但要慎用删除所有版本。

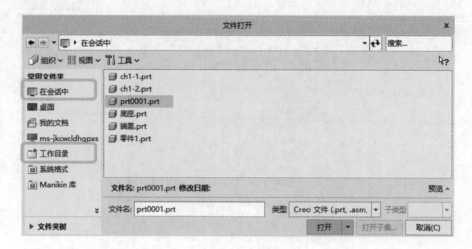

图 1-14　文件打开

图 1-15　文件保存

1.5　Creo 开发产品的一般过程简介

在利用 Creo 进行产品开发设计的过程中，要求按以下步骤进行：

1）新建文件夹，并设置为工作目录。

2）建立若干零件，或在组件模式下创建零件。

3）零件的组装（可分自上而下或自下而上）。

4）出工程图（包括零件图和装配图）。

所以这里最关键的是零件的建模过程。简单起见，本章只简单介绍零件的建模和零件的工程图，如图 1-16 所示的底座零件工程图，以使各位初学者对 Creo 软件强大的建模和出图功能有个初步的了解，具体操作过程详见视频。

操作过程中要注意鼠标的使用。

模型旋转：按住鼠标中键并拖动鼠标。

模型缩放：滚动鼠标滚轮。

模型平移：同时按住<Shift>键和鼠标中键并拖动鼠标。

另外单击鼠标中键在很多情况下相当于单击确定按钮。

对照如图 1-17 所示的支座零件工程图，可以试着绘制零件模型和工程图。

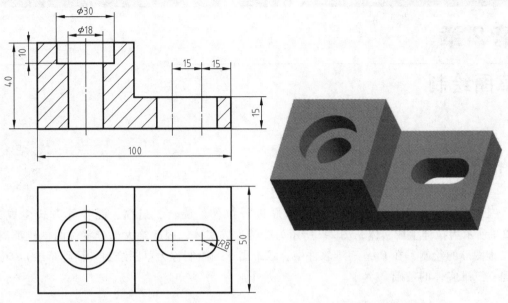

图 1-16 底座零件工程图

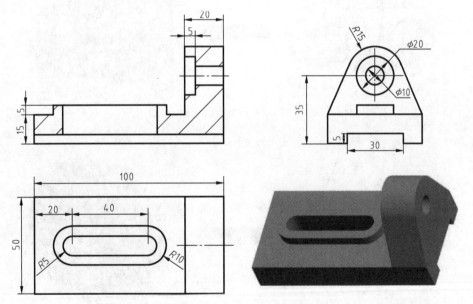

图 1-17 支座零件工程图

11

第2章

草图绘制

2.1 草绘的概述

三维实体绝大部分是通过对二维图形进行拉伸、旋转、扫描、混合等方式生成的，图 2-1 所示为拉伸生成实体，图 2-2 所示为旋转生成实体，因此绝大部分零件的创建都离不开二维图形的绘制，在 Creo 三维软件中，二维图形的绘制称为草图绘制（简称草绘）。草绘是建立三维实体的基础。

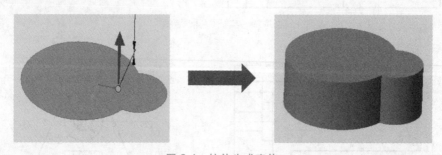

图 2-1　拉伸生成实体

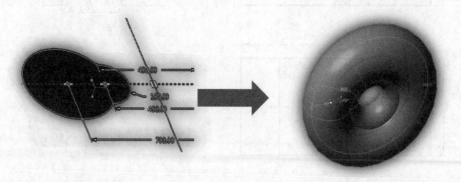

图 2-2　旋转生成实体

何为草绘？在 Creo 软件中，二维绘图不需要精确绘制，绘制时只需要先大致绘制图形的轮廓，然后用尺寸和约束来精确确定图形的大小、位置等，这种绘制二维图形的方法称为草绘。

要绘制草图，必须选择一个基准面，即要确定草绘图形在三维空间放置的位置，可以选择系统默认的三个基准面中的一个，也可以选择模型表面，还可以自己创建一个新的基准面。

在介绍草绘之前，先介绍一下 Creo 软件中草绘时经常用到的术语。

图元：指草绘的任意元素，如直线、中心线、圆弧、圆、椭圆、样条曲线、点或坐标等。

参照：指定位草绘图形所参考的图元。

尺寸：确定图元大小、位置的量度。

约束：定义图元间的位置关系。约束定义后，其约束符号会出现在被约束的图元旁边。

2.1.1 进入草绘环境

Creo 软件有单独的草绘模块，但由于草绘的目的是绘制三维实体，故单独的草绘模块一般不用，一般建议在进入零件模块后绘制草图。

进入零件模块后的草绘有两种进入方式：

1）单击【草绘】按钮，如图 2-3 所示，单独建立草绘图形，采用这种方式建立的草绘图形能被多次使用。

2）单击【形状】特征按钮（如【拉伸】、【旋转】等）进入草绘模块，这种方式建立的草绘图形只能被当前形状特征使用。

图 2-3 草绘进入的方式

2.1.2 草绘的要求

草绘图形一般要形成一个或多个封闭的环，环之间不允许交叉，也不允许有开口。环的形式如图 2-4 所示，前两个可以生成实体，后面两个不能生成实体。Creo 软件只能对封闭的图形进行形状特征的创建（也可以在与实体的边结合形成封闭的图形后创建），可以用【检查】区域中的三个命令判断草图是否封闭，如图 2-5 所示。其中，"着色封闭环"按钮有效，如果环封闭，则封闭环填充颜色；"突出显示开放端"按钮有效，如果环不封闭，则不封闭的端点显示红色实心小框；"重叠几何"按钮有效，如果几何图元重叠绘制，则该按钮有效时重叠几何线及周边图元会显示玫红色粗线。

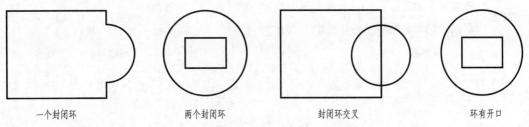

| 一个封闭环 | 两个封闭环 | 封闭环交叉 | 环有开口 |

图 2-4 环的形式

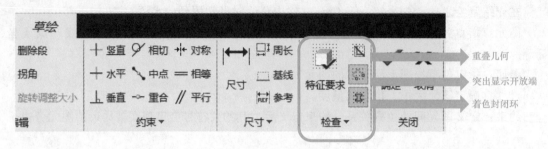

图 2-5　检查区域

2.2　草绘基本命令

2.2.1　基本几何图元绘制

进入草绘后，显示如图 2-6 所示的草绘选项卡，在草绘选项卡中有【设置】、【获得数据】、【操作】、【基准】、【草绘】、【编辑】、【约束】、【尺寸】、【检查】和【关闭】等区域，在草绘过程中这几个区域的命令应交替使用，达到快速、高效的绘图功效。

在【草绘】区域中，可以绘制直【线】段、【矩形】、【圆】、圆【弧】、【椭圆】、【样条】曲线、倒【圆角】、【倒角】和【文本】等基本几何图元。其中各命令按钮右边的倒黑三角表明绘制基本几何图元的方式，如图 2-7 所示。从图中可以知道直线绘制有【线链】和【直线相切】两种方式；【矩形】有【拐角矩形】、【斜矩形】、【中心矩形】、【平行四边形】四种绘制方式；圆有【圆心和点】、【同心】、【3 点】、【3 相切】四种绘制方式。

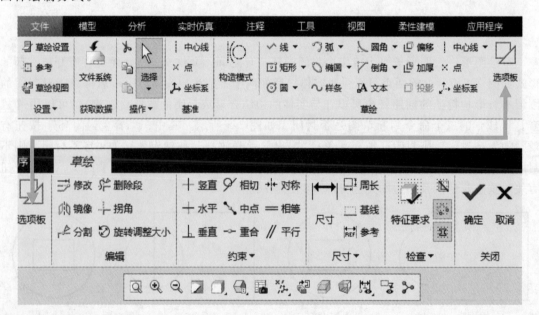

图 2-6　草绘选项卡

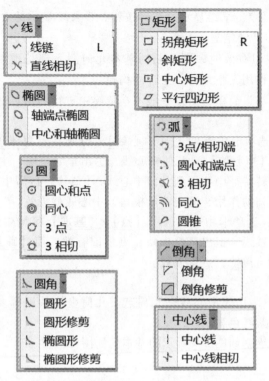

图 2-7　几何图元绘图方式

绘制时注意鼠标中键的作用，当在绘制基本几何图元时，单击鼠标中键表示结束当前的基本几何图元绘制（但注意线链绘制时单击鼠标中键表示结束当前线链，另起线段起点绘制线链，只有再次单击才结束当前直线命令），并使【选择】按钮有效，即进入编辑状态。

在草绘中为了使绘图窗口看起来清楚，便于草绘图形，可以进行以下设置：

1）使草绘平面和屏幕平行，单击草绘选项卡中的草绘视图，或单击如图 2-8 所示图形显示工具栏上的草绘视图图标。

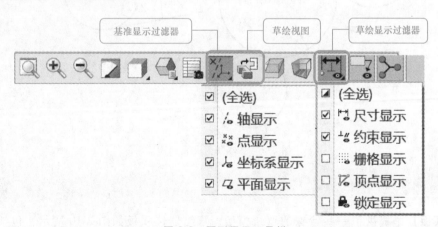

图 2-8　图形显示工具栏

2）不显示基准，基准有点、线、面和坐标系，单击基准显示过滤器按钮，显示或隐藏基准。

3）选择草绘显示，单击草绘显示过滤器按钮，设置要显示的对象，一般不勾选【栅格显示】、【顶点显示】和【锁定显示】。

当【构造模式】按钮有效时，则绘制的基本几何图元都是虚线显示，即绘制构造线，构造线只是起到辅助线作用，不参与草绘环的构建。

绘制草图时，草图尽量简单，所以一般不在草绘中进行圆角、倒角的绘制，虽然有相应的命令按钮。

图 2-6 所示的草绘选项卡中有两个【中心线】，分别在【基准】区域和【草绘】区域中。【基准】区域中的【中心线】是几何中心线，退出草绘模块，中心线依旧在，相当于创建了中心线或轴，在旋转特征中要用到几何中心线；【草绘】区域中的【中心线】是构造中心线，只在草绘中起到辅助作用，退出草绘模块，中心线就无效。

同样道理，【草绘】选项卡中也有两个【点】，【基准】区域中的【点】是几何点，在拉伸特征中能生成一条轴线，退出草绘模块，点依旧有效；而【草绘】区域中的【点】是构造点，同样，退出草绘模块，点就无效。

【坐标系】也一样。

在 Creo 草绘模块中，几何中心线、几何点、几何坐标系用橘黄色显示，构造中心线、构造点、构造坐标系用紫红色显示。

利用基本图元命令绘制如图 2-9 所示的基本几何图元。

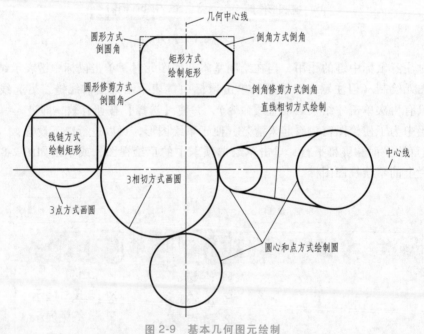

图 2-9　基本几何图元绘制

2.2.2　选项板

【选项板】中提供了一些特殊的草绘模型，草绘器选项板如图 2-10 所示，包括【多边形】、【轮廓】、【形状】、【星形】等，操作时双击或拖动该图形到图形区域，选项板图形操作如图 2-11 所示，然后通过拖动中心点到指定位置，会自动产生吸附效果，并可以看到吸附的直线加粗显示，放开鼠标左键，单击【确定】按钮即可。

图 2-10 草绘器选项板

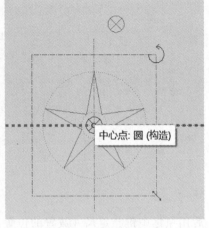

图 2-11 选项板图形操作

2.2.3 偏移和加厚草绘命令

偏移和加厚草绘命令也可以认为是编辑命令，必须在绘制基本图元的基础上进行偏移或加厚，偏移或加厚的图元可以是单个、链或环。如图 2-12 所示，具体操作详见视频。

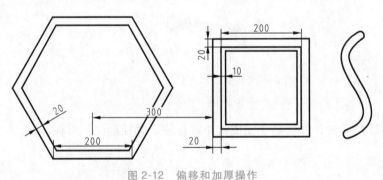

图 2-12 偏移和加厚操作

2.3 尺寸标注

Creo 软件中，当基本几何图元绘制完成后，会自动显示相应尺寸，这些自动标注的尺寸是弱尺寸，尺寸显示方式如图 2-13 所示，一开始用蓝色标注，弱尺寸不能删除，但一旦标注尺寸后，相应弱尺寸就会自动消失，新标注的尺寸为强尺寸。

故 Creo 软件中尺寸有强尺寸和弱尺寸之分，两者有区别又有联系：①弱尺寸不允许删除、强尺寸可以删除；②标注的新尺寸为强尺寸；③修改弱尺寸数值即转为强尺寸；④对弱尺寸执行锁定、加强、修改尺寸后自动转成强尺寸（单击尺寸文字，弹出快捷菜单进行选择）。

Creo 软件中，尺寸标注方法：单击【草绘】选项卡中的【尺寸】，然后选择需要标注的基本几何图元（可以是点、直线、圆弧、圆、中心线等，根据需要可以选择多个图元），最

17

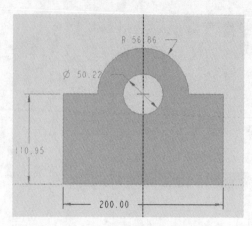

图 2-13　尺寸显示方式

后用鼠标中键指定尺寸放置的位置，即完成尺寸标注。

　　针对图 2-14 所示的尺寸绘制 1 完成：线段长度标注、两线段距离标注、点到线距离标注、点到点标注、圆心到圆心标注、圆周到圆周标注、角度标注。先完成左边图形的绘制，按右边方式进行标注。

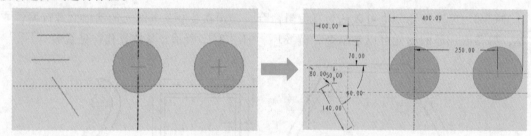

图 2-14　尺寸绘制 1

　　针对图 2-15 所示的尺寸绘制 2 完成：半径标注、直径标注、对称标注。

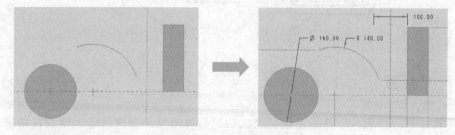

图 2-15　尺寸绘制 2

2.4　约束

　　在草绘时，系统除了自动标注尺寸外，还会自动给定几何约束条件。Creo 软件中提供了 9 种约束形式，具体见图 2-6 所示的草绘选项卡中的【约束】区域。约束条件也可由用户进行设定或删除。

删除：先选定几何约束标记，然后按 Delete 键。

设定：选择所需的约束条件，然后再选择所需约束的几何图元。其中"【相等】"约束可以选择多个相同类型的几何图元；"【对称】"约束要求选择两个点对称于一条线（直线或中心线）；"【重合】"约束可以是线与线重合，可以是点与线重合，也可以是点与点重合；"【中点】"约束是约束线段的端点到线段的中点上。

绘图时，约束处于活动状态，可通过右击在锁定/禁用/启用约束之间切换，使用 Tab 键可切换活动约束，按住<Shift>键可禁用捕捉到新约束。

用线链绘制八边形，如图 2-16 所示，步骤如下：

1）利用【线链】命令绘制八边形。

2）用【相等】约束约束八条边相等。

3）由【构造】模式【3点】画圆方式绘制圆。

4）用【重合】约束约束圆心在中心上，可以采用两个重合约束。

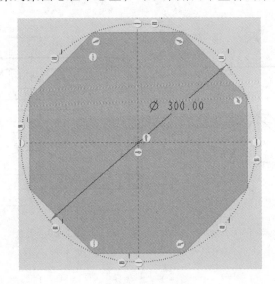

图 2-16　用线链绘制八边形

2.5　草绘实例

草绘的一般步骤如下：

1）进入草绘后，先根据需要绘制中心线，然后绘制第一个基本图元，一般先修改第一个图元的尺寸，使之与图形大小大致一致，这样方便后续图形的绘制。

2）绘制其他基本图元，并利用约束确定图形的位置关系、利用"删除段"修剪多余的线段。

3）根据提供的图形标注尺寸，并修改尺寸。

4）2）和 3）两步可以交叉进行，以方便图形绘制为原则。

下面通过绘制图 2-17 所示的草绘实例 1、图 2-18 所示的草绘实例 2、图 2-19 所示的草绘实例 3 、图 2-20 所示的草绘实例 4，来掌握草绘的基本技能和技巧。

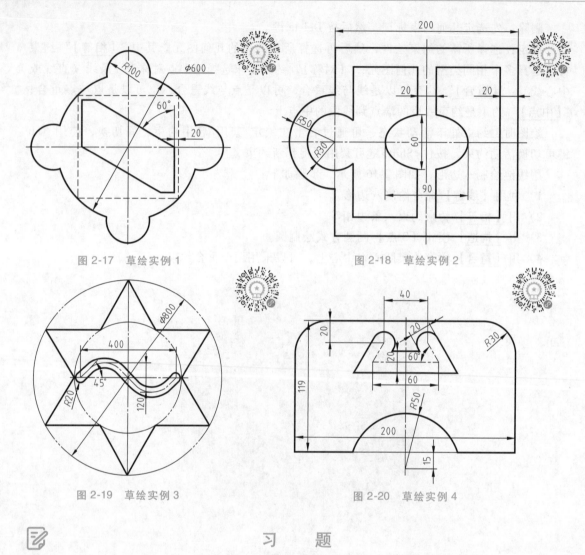

图 2-17　草绘实例 1

图 2-18　草绘实例 2

图 2-19　草绘实例 3

图 2-20　草绘实例 4

习　题

1. 使用 Creo 绘制图 2-21 所示图形，测出阴影部分的面积（参考答案为 798. 556mm^2）。
2. 使用 Creo 绘制图 2-22 所示图形，测出阴影部分的面积（参考答案为 5246. 41mm^2）。

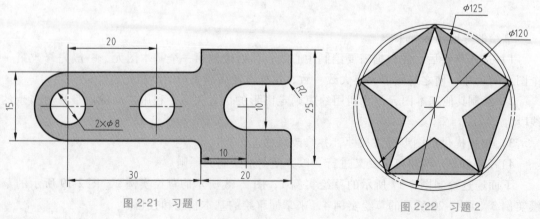

图 2-21　习题 1

图 2-22　习题 2

3. 使用 Creo 绘制图 2-23 所示图形，测出阴影部分的面积（参考答案为 63.7501mm^2）。

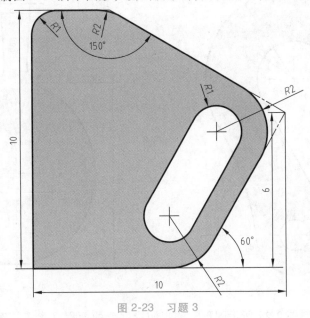

图 2-23 习题 3

4. 使用 Creo 绘制图 2-24 所示图形，测出阴影部分的面积（参考答案为 495.681mm^2）。

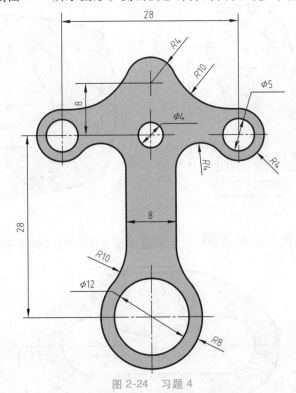

图 2-24 习题 4

5. 使用 Creo 绘制图 2-25 所示图形，测出阴影部分的面积（参考答案为 5856.44mm^2）。

6. 使用 Creo 绘制图 2-26 所示图形，测出阴影部分的面积（参考答案为 15698.8mm^2）。

7. 使用 Creo 绘制图 2-27 所示图形，测出阴影部分的面积（参考答案为 3304.29mm^2）。

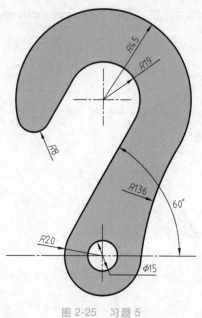

图 2-25 习题 5

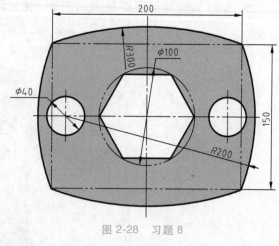

图 2-26 习题 6

8. 使用 Creo 绘制图 2-28 所示图形，测出阴影部分的面积（参考答案为 28534.6mm^2）。

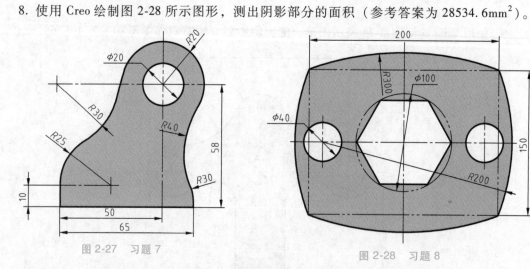

图 2-27 习题 7

图 2-28 习题 8

9. 使用 Creo 绘制图 2-29 所示图形，测出阴影部分的面积（参考答案为 2765.40mm^2）。

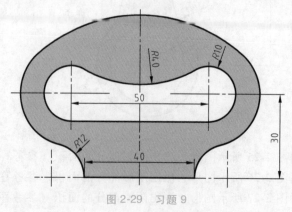

图 2-29 习题 9

第3章

零件设计之形状特征

3.1 零件建模概述

　　草绘是三维软件的基础，绘制草图的目的是生成三维零件，三维零件可以分割成若干个简单的实体。对简单的实体，可通过搭积木的形式拼接在一起形成三维实体或三维零件，简单的实体绝大部分可以通过拉伸、旋转、扫描和混合创建而成。零件模型如图 3-1 所示，可以采用搭积木或去除材料的方法得到最后的实体，零件建模过程如图 3-2 所示。

图 3-1　零件模型

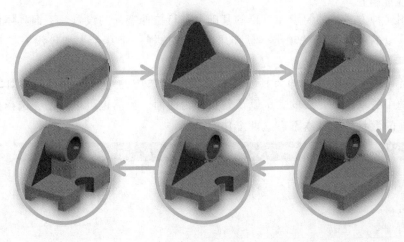

图 3-2　零件建模过程

可以采用拉伸、旋转、扫描和混合等形状特征来完成搭积木或去除材料，本章主要介绍这些形状特征的使用方法，并进行案例讲解。在图 3-2 中，可以采用拉伸特征来完成所有的零件建模，拉伸特征也是零件建模中最常用的特征，零件的建模 70%左右都可以通过拉伸完成。

设置工作目录为 CH3，打开 "3-1. prt"，体会零件建模过程。

进入零件模块后，模型选项卡如图 3-3 所示，可以看到在功能区中有【文件】菜单，【模型】、【分析】、【实时仿真】、【注释】、【工具】、【视图】、【柔性建模】、【应用程序】等选项卡，本章主要讲解模型选项卡中的基准特征和形状特征；主体区域在零件设计和装配设计中用处不大，这里不作介绍；工程特征将在第 4 章中讲解；操作区域和编辑特征将在第 5 章中讲解。

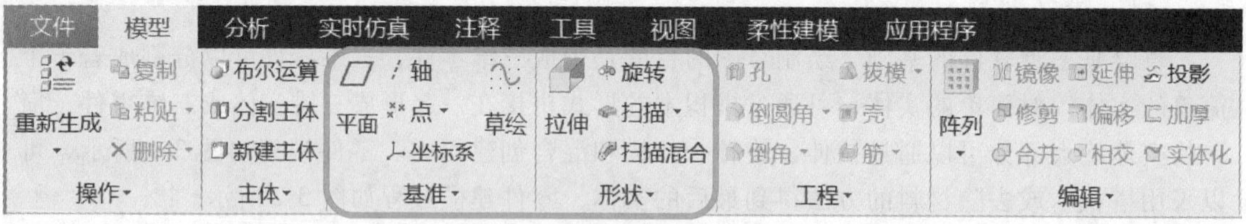

图 3-3　模型选项卡

3.2　拉伸特征

3.2.1　拉伸特征概述

拉伸特征是指草绘图形沿其草绘平面的法向方向或某一指定方向进行拉伸形成的实体特征。

进入【拉伸】特征，出现如图 3-4 所示的拉伸选项板，方式如下：

1）选择已经绘制好的草图单击【拉伸】特征。

2）单击【拉伸】特征，然后选择绘制好的草图，或选择相应的平面进入草图绘制，绘制好后单击【确定】按钮。

不管采用何种方式，都要求在草绘的基础上进行拉伸特征的设置。下面具体说明拉伸特征的设置。这里的【放置】选项卡，就要求绘制或选择一个草绘，如果没有选择草绘，则该【放置】字体呈现红色，表明它是必选项。

拉伸特征可以对草图【拉伸为】实体和曲面。当选中的草图是封闭的，则默认是拉伸为实体；当选中的草图是开放的，则默认是拉伸为曲面。当然也可以自己去选择拉伸为实体或曲面，其他的形状特征基本都有这两个功能。

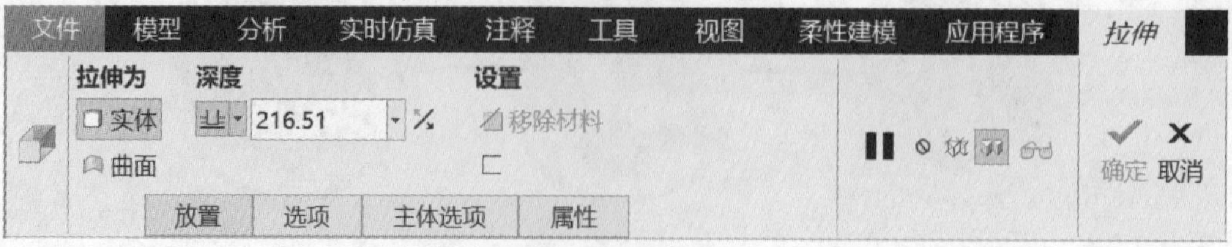

图 3-4　拉伸选项板

拉伸特征可以对草图指定拉伸【**深度**】，深度选项共有 6 种，如图 3-5 所示，其中后四项必须在建立一个实体特征后才会出现。

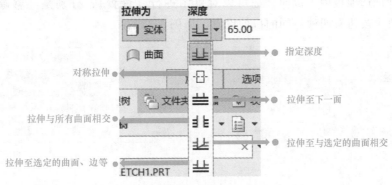

图 3-5　深度选项

1）指定深度：要求输入一个拉伸深度值。

2）对称拉伸：要求输入一个深度值，但这个深度值是两边对称的。

3）拉伸至下一面：沿拉伸箭头指引的方向拉伸，直到拉伸至下一实体的面，注意拉伸草绘图形沿箭头方向的投影面积必须全部在下一实体面上，否则就会出错。

4）拉伸与所有曲面相交：沿拉伸箭头指引的方向拉伸，直到拉伸到最后一个实体的面，同样注意拉伸草图沿箭头方向的投影面积必须全部在实体面上，否则就会出错。

5）拉伸至与选定的曲面相交：沿拉伸箭头指引的方向拉伸，直到拉伸到指定一个实体的面，同样注意拉伸草图沿箭头方向的投影面积必须全部在实体面上，否则就会出错。

6）拉伸至选定的曲面、边等：上面几个选项都要求是面并且要能相交，而这个选项可以是边、顶点等，并且可以是不相交的。

打开"CH3\3-2-1.prt"文件，设置如图 3-6 所示的拉伸设置的六种状态的实体模型结果。

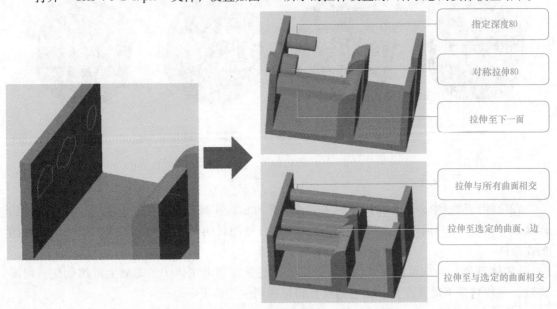

图 3-6　拉伸设置

3.2.2　移除材料和加厚

在拉伸特征选项板中，拉伸特征可以对草图进行【设置】，分别是【移除材料】和加厚，根据这两个按钮有四种不同的拉伸设置，如图 3-7 所示。

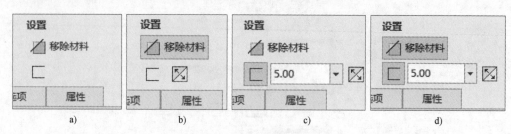

图 3-7　拉伸设置的四种状态

图 3-7a 所示的状态是两者都无效，则就是加材料。

图 3-7b 所示的状态是【移除材料】有效，注意要使移除材料按钮起作用，必须在有实体的基础上进行拉伸特征，下面的箭头是切换移除材料的方向；移除材料时，草图可以是封闭的，也可以是不封闭的，但不封闭的草图的线条端点必须连接与实体的边线，否则就不能移除材料。

图 3-7c 所示的状态是加厚有效，在该状态下，草图可以是封闭或开放的，此时箭头框是加厚的方向，有三种状态可以切换，分别是一侧、两侧和另一侧。

图 3-7d 所示的状态是两者均有效，在该状态下，将在实体中切除相应厚度的草图，箭头框是加厚的方向，草图可以是封闭或开放的。

打开"CH3 \ 3-2-2. prt"文件，设置如图 3-8 所示的拉伸设置的四种状态的实体模型结果。

a)　　　　　　　　b)　　　　　　　　c)　　　　　　　　d)

图 3-8　拉伸设置的四种状态实体模型结果

3.2.3　拉伸的其他设置

在拉伸选项板中，【选项】选项卡如图 3-9 所示，在该选项卡中可以设置两侧的深度，以及添加锥度。【封闭段】选项只有拉伸成曲面且草图封闭时才有效，表明生成一个全封闭的曲面体。

【主体选项】卡中可以设置创建新的主体，还是在原来主体 1 的基础上继续创建，前面讲过，一般这里不需要设置，使它的所有特征在同一主体上。

【属性】选项卡可以设置拉伸的自定义名字，一般也不用修改。

　　绘制如图 3-10 所示的圆角矩形，然后对其两侧分别进行拉伸并添加锥度，结果如图 3-11 所示。可以进一步思考，若采用两次带锥度拉伸，结果如图 3-12 所示。

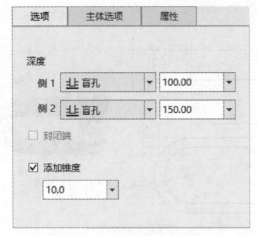

图 3-9　【选项】选项卡

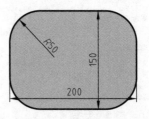

图 3-10　圆角矩形

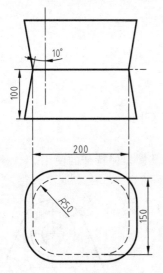

图 3-11　两侧带锥度拉伸

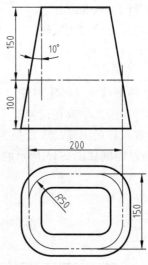

图 3-12　两次带锥度拉伸

3.2.4　拉伸特征草绘面的更换及参考的设置

　　在草绘过程中，如果发现草绘面选择错误，可以通过【草绘】选项卡中的【草绘设置】重新设置草绘面，如图 3-13 所示，在该对话框中，单击【草绘平面】中的平面框就可以重新选择草绘面。单击草绘方向中的参考框就可以选择草图的摆放方向。

　　注意三个基准平面，当显示黄色时表明法向朝外，显示灰色时表明法向朝内，也可以从坐标中判断法向方向。

　　在草绘过程中，为了能利用先前的实体特征，可以采用【参考】的方式引入参考线，在 Creo 7.0 中，部分实体特征的边线、点等可以在绘制图元时直接作为参考引入。

　　下面通过绘制图 3-14 所示的实例说明以下几个知识点：

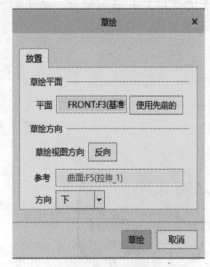

图 3-13 草绘设置

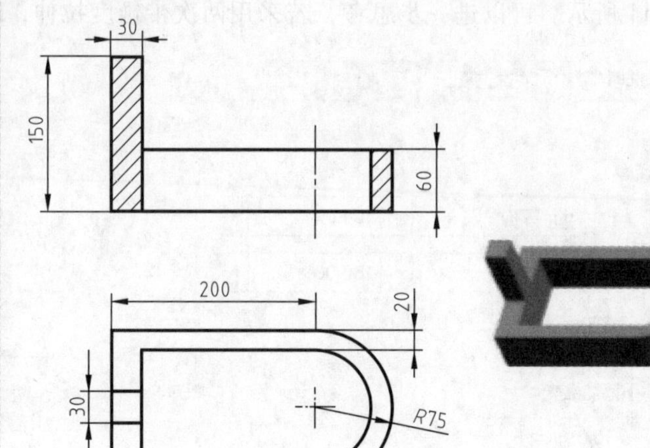

图 3-14 草绘面更换实例

1）更换草绘面和确定草绘方向。

2）参考的引入和添加。

3）几何点的添加生成轴。

3.2.5 拉伸实例

利用拉伸形状特征创建零件的一般建模过程：

1）选择草绘图形或在拉伸特征下选择草绘平面绘制草图。

2）设置拉伸的深度，以及是否增减材料。

下面通过绘制如图 3-15 所示的拉伸实例，以进一步掌握拉伸特征的使用。

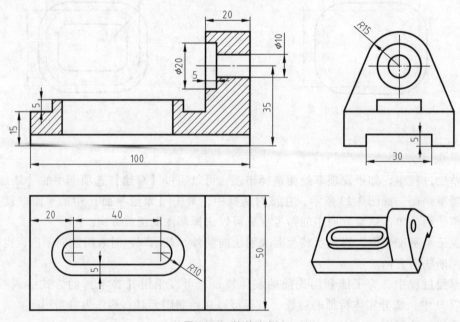

图 3-15 拉伸实例

3.3 旋转特征

3.3.1 旋转特征概述

旋转特征是指草绘图形沿同一平面的一侧轴旋转一定的角度形成的实体特征。旋转选项板如图 3-16 所示。

进入旋转特征的步骤和拉伸特征基本相同，后面讲的其他特征进入方式也基本相同，就不一一阐述了，但旋转特征一定要有旋转轴，轴可以在草绘中添加，也可以用其他特征的边或轴来替代。

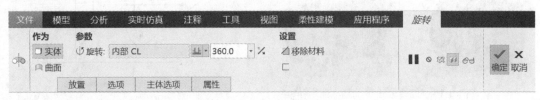

图 3-16 旋转选项板

旋转轴可以是：

1）几何中心线作为旋转轴，如有多条，可以采用指定一条为旋转轴或默认第一条为旋转轴。

2）中心线作为旋转轴，但需要转换成几何中心线才能作用为旋转轴，所以不推荐使用。

3）草绘边作为旋转轴，此时草绘必须单独绘制。

4）用其他特征的边、轴和坐标轴，此边、轴和坐标轴必须和草绘图形处于同一平面上。

打开 "CH3 \ 3-3-1. prt"，选中草绘 1 后单击旋转特征，设置采用不同的旋转轴生成不同的实体模型，如图 3-17 所示。

打开 "CH3 \ 3-3-2. prt"，选中草绘 3 后单击旋转特征，设置采用不同的实体边生成不同的实体模型，如图 3-18 所示。

草绘图形必须位于旋转轴一侧，不能与旋转轴交叉，否则不能生成旋转实体。

新建文件，单击旋转特征，选择 TOP 平面，绘制如图 3-19 所示的图形，同时绘制 5 条几何中心线，默认第一条是旋转轴，如需切换则需要选中该几何中心线，右击弹出快捷菜单，选择【指定旋转轴】选项。可以自行改变旋转轴生成的不同的旋转实体，但要注意的是，轴 2 由于和草绘图形相交，不能生成旋转实体，另外该草绘图形是旋转特征内部的草绘图形，则草绘的边线不能作为旋转轴。

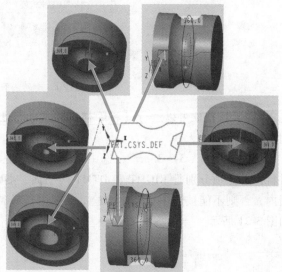

图 3-17 旋转轴设置 1

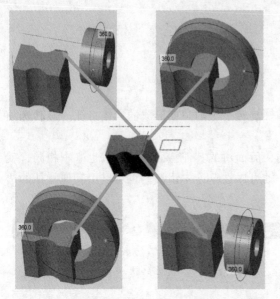

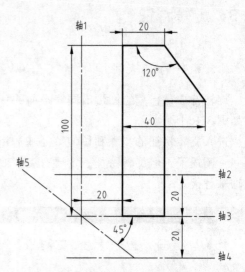

图 3-18 旋转轴设置 2

图 3-19 旋转特征草绘图形

3.3.2 旋转特征的其他设置

1）旋转特征的角度可以设置为 0°~360°，并可以两侧设置不同的旋转角度，旋转特征的选项卡如图 3-20 所示，具体操作比照拉伸特征进行。

图 3-20 旋转特征的选项卡

2）旋转特征可以进行【移除材料】和加厚处理，也可以生成曲面等，具体操作比照拉伸特征进行。

打开 "CH3\ 3-3-3. prt"，选中草绘 1 后单击旋转特征，设置两侧【到选定项】并移除材料，选定项分别是 RIGHT 和 DTM1 两个面，要注意选定项的面必须和旋转轴位于同一平面内，否则不能被选中。选中草绘 2 后单击旋转特征，设置对称角度为 50°。角度设置实例如图 3-21 所示。

3.3.3 旋转特征实例

旋转特征主要用来绘制轴类零件和带轮等，其难点是草绘图形。下面就轴类零件和带轮类零件分别举例绘制，如图 3-22、图 3-23 所示。

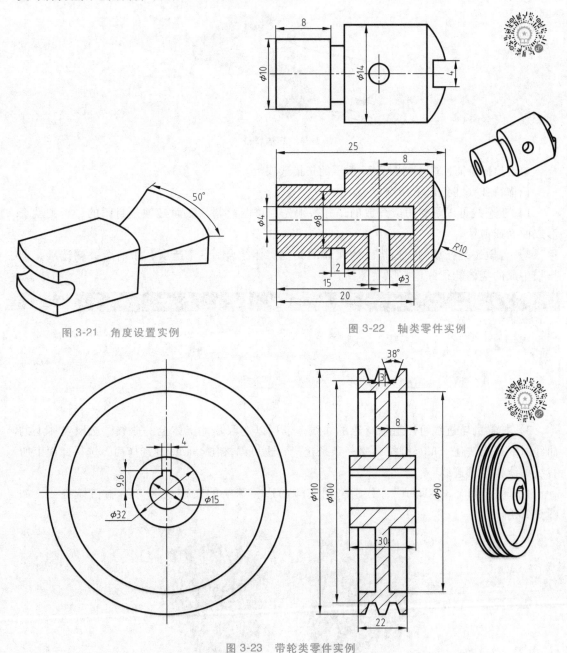

图 3-21　角度设置实例

图 3-22　轴类零件实例

图 3-23　带轮类零件实例

3.4　扫描特征

3.4.1　扫描特征概述和注意点

扫描特征就是绘制好的草绘截面沿着一条轨迹线扫描出来的实体或曲面，故扫描特征有两个组成部分，轨迹线和草绘截面，如图 3-24 所示。

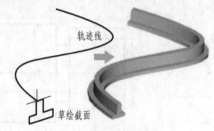

图 3-24 扫描特征

单击扫描特征，进入如图 3-25 所示的扫描选项板。

扫描特征要注意以下几点：

1）轨迹线可以是封闭或开放的，并必须先用草图绘制，截面必须是封闭的，否则就会形成曲面或薄壁。

2）若轨迹是开放的，扫描后的实体同其他实体结合后，【选项】中有合并端选项，即扫描生成的实体能很好地与原实体结合。

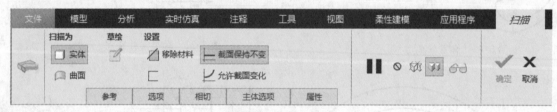

图 3-25 扫描选项板

3）扫描的轨迹线可以选取草绘的曲线，也可以选取其他实体上的曲线。选取实体上的曲线时，可以按住<Shift>键按顺序一条条选择，也可以按住<Shift>键选择面，选择此面上所有线的线作为轨迹线。

打开 "CH3 \ 3-4-1. prt"，分别采用实体的边、草绘的轨迹线等来绘制扫描特征，如图 3-26 所示。

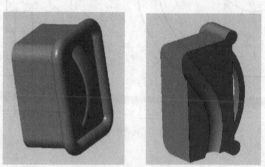

图 3-26 扫描特征操作

3.4.2 扫描特征实例

绘制扫描特征实例如图 3-27 所示。首先利用拉伸特征绘制出基本形状，然后绘制两条扫描轨迹线，最后进行两次扫描特征，其中一次加材料，另一次移除材料，注意合并端的使用，具体操作详见视频。

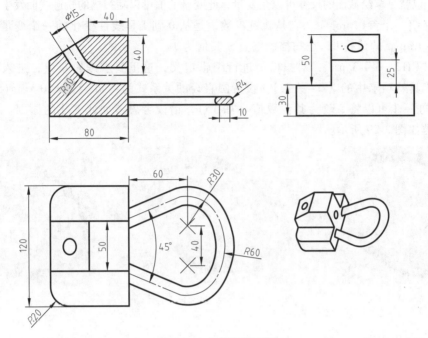

图 3-27 扫描特征实例

3.4.3 变截面扫描特征

扫描特征是由一个草绘截面沿着一条轨迹线扫描生成实体或曲面特征，在扫描过程中，剖面保持不变且始终垂直于扫描轨迹线，因此得到的特征比较简单。如果在扫描的过程中由几条轨迹线同时来控制截面不同位置的截面大小，截面在扫描的过程中可以不断变化，这就是变截面扫描。变截面扫描实际就是图 3-25 中的【截面保持不变】改为【允许截面变化】。但要注意的是截面的变化实际上就是控制截面的形状和位置尺寸数值的变化，所以有两种方法来控制尺寸的变化：一是用轨迹线来控制尺寸的变化，故截面的形状和位置的尺寸有几个就可以用几条轨迹线来控制；另一种是用变量来控制截面的形状和位置尺寸的变化。

（1）用轨迹线控制截面　打开"CH3 \ 3-4-2. prt"，分别设置一条、两条和三条轨迹线来控制截面，需注意选择多条轨迹线时要同时按住<Ctrl>键。变截面扫描如图 3-28 所示。

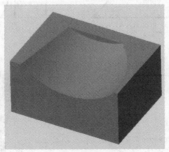

a) 一条轨迹线控制　　　　　b) 两条轨迹线控制　　　　　c) 三条轨迹线控制

图 3-28 变截面扫描

（2）带有关系式的变截面扫描特征　变截面的大小不仅可以用轨迹线来控制，也可以用变量来控制，也就是草绘截面的尺寸可以是变量，此变量的值可以随扫描的轨迹线而发生变化。

这里介绍一个参数 trajpar，它是轨迹参数，是从 0 到 1 呈线性变化的一个变量。在扫描的起始点，trajpar 的值是 0，在扫描的终点，其值为 1。

打开"CH3 \ 3-4-3. prt"，对扫描 1 进行编辑定义，这里要求编辑草绘，进入草绘模式后，选择工具选项卡中的【d=关系】，设置圆直径的关系式为：$sd3 = 20 + 10 * \sin(360 * trajpar * 5)$，进一步可以将 5 改为其他数值（如 15），请读者思考如此变化的原因。关系式的变截面扫描如图 3-29 所示。

图 3-29　关系式的变截面扫描

3.4.4　变截面扫描实例

本实例中绘制了三条轨迹线，其中一条长度为 160 的居中直线用于控制截面的位置，另两条曲线用样条曲线绘制；然后绘制截面椭圆，椭圆中心在居中的直线上，椭圆的两个半径值大小随两条样条曲线而变化；最终形成如图 3-30 所示的图形，具体操作详见视频。

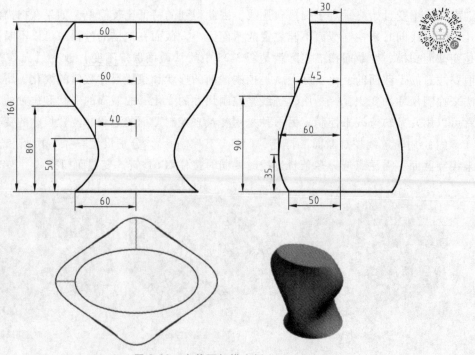

图 3-30　变截面扫描实例 1

本实例中首先绘制轨迹为 φ240 的圆，然后执行变截面扫描，其中截面为一条角度为 120°、振幅宽度为 60、变化周期为 10 的正弦直线，通过这种方式生成一条需要的曲线；然后对这条曲线进行截面为 φ10 的圆扫描，最终得到如图 3-31 所示的图形，具体操作详见视频。

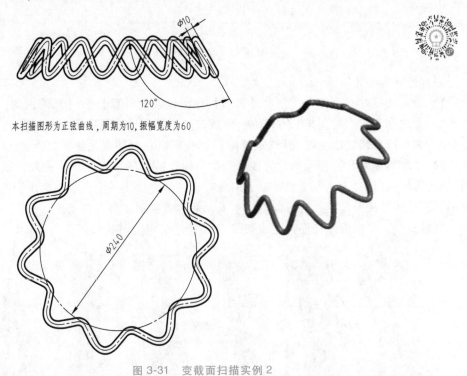

图 3-31 变截面扫描实例 2

3.5 混合特征

3.5.1 混合特征概述

混合特征是将不同的截面连接起来构成实体或曲面，一般截面之间是相互平行的，混合特征至少需要两个截面，并需要对截面之间定义距离；若截面已经绘制完成，则截面之间的距离不需要指定，如图 3-32 所示，打开 3-5-1. prt，具体操作详见视频。

单击混合特征，进入如图 3-33 所示的混合特征选项板。

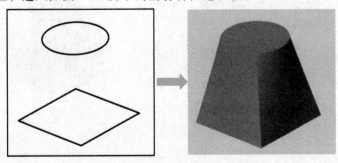

图 3-32 混合特征

图 3-33　混合特征选项板

混合特征要注意以下几点：

1）截面连接时有两种方式，在【选项】中可以设置【直】和【光滑】的。

2）方向和起始点的选择，方向不一致或起点不同会导致图形完全不一样。

3）截面可以预先绘制好（【选定截面】），也可以在创建混合特征时绘制。

4）要求各截面具有相同数量的顶点。如果两个截面的顶点数量不一致，则要求采用打断工具将顶点数量改为一致，也可以采用混合顶点的方法将一个顶点用两次，但不能在起始点用，同时如果截面是点，则可以直接生成，而不需要创建混合顶点。

新建文件，单击混合特征，完成如图 3-34 所示的混合特征设置。

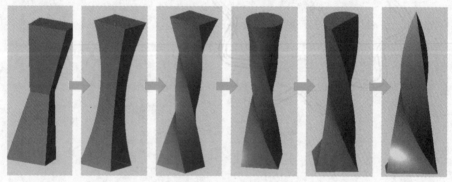

图 3-34　混合特征设置

如图 3-35 所示，混合特征中可以定义【相切】选项卡，设置【开始截面】和【终止截面】的条件，共有三个选项：【自由】、【相切】和【垂直】。默认是相切，打开"3-5-1. prt"文件，执行混合特征，了解设置这三项的区别。

图 3-35　混合特征相切选项卡

3.5.2　混合特征实例

混合特征实例如图 3-36 所示。本实例中截面分别是点、五角星、点三个截面，由于截面是点，故不需要设置混合顶点，具体操作详见视频。

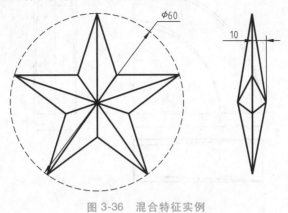

图 3-36　混合特征实例

3.5.3　旋转混合特征概述

旋转混合特征是将不同的截面绕同一轴旋转连接起来构成实体或曲面，同样至少需要两个截面，并应对截面之间定义旋转的角度。打开 "3-5-2.prt" 文件，这里绘制了草绘 1 和草绘 2，而草绘 2 是在旋转 45°的平面上绘制。完成如图 3-37 所示的旋转混合特征。

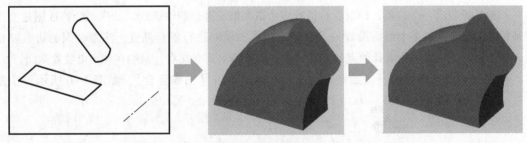

图 3-37　旋转混合特征

单击旋转混合特征，进入如图 3-38 所示的旋转混合特征选项板，旋转混合特征的操作方式基本和混合特征相同，采用选定截面的方式选择两个截面，两个截面的交线作为旋转轴，形成旋转特征。同样可以将相切设置为垂直。

图 3-38　旋转混合特征选项板

混合特征的截面如果是草绘截面，则旋转轴需要预先创建或可以将坐标轴作为旋转轴。下面就以坐标轴为旋转轴创建如图 3-39 所示的旋转混合实例，注意截面为边长 50 的正方形和直径 50 的圆两个截面。这里需要将圆截断为四个顶点，分别对应正方形的四个顶点，具体操作详见视频。

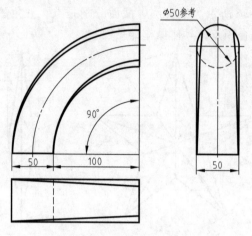

图 3-39　旋转混合实例

3.6　扫描混合特征

扫描特征仅有一个截面，而混合特征有多个截面但没有控制轨迹线，扫描混合特征则是上述两种特征的综合，是多个截面沿着一条轨迹线扫描的同时进行混合渐变。注意截面的边数要相同，如不相同，可以采用混合顶点的方式解决。轨迹线上要有端点，只能在端点上放置截面。

应用扫描混合特征前一般绘制好轨迹线，然后单击【扫描混合】，如图 3-40 所示，首先

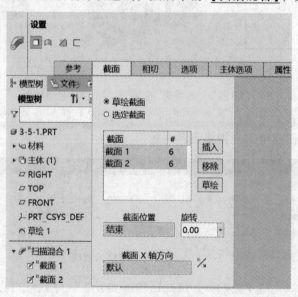

图 3-40　扫描混合

选择轨迹线，然后打开【截面】，绘制【草绘截面】或【选定截面】，操作方式类似混合特征。图 3-41 所示为异形弯轴，首先绘制 $R100$ 的四分之一圆弧的轨迹线，然后执行扫描混合特征，选择轨迹线，在两个顶点上分别绘制截面为 20 的正六边形和截面为 30 的圆，并对圆进行打断六等分，完成零件建模，具体操作详见视频。

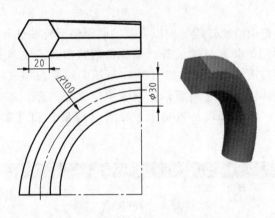

图 3-41　异形弯轴

3.6.2　扫描混合特征实例

图 3-42 所示为扫描混合特征实例。本实例中首先绘制 30×50×5 的矩形实体；然后绘制一条轨迹线，注意这条轨迹线上需要有四个端点；执行扫描混合后，分别在这四个端点上放置截面为 20×12、18×8、16×8、10×4 的方向一致的矩形，完成扫描混合；最后采用多次倒圆完成零件的建模，具体操作详见视频。

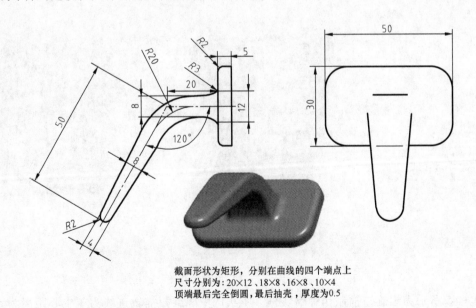

截面形状为矩形，分别在曲线的四个端点上
尺寸分别为：20×12、18×8、16×8、10×4
顶端最后完全倒圆，最后抽壳，厚度为0.5

图 3-42　扫描混合特征实例

3.7 螺旋扫描特征

3.7.1 螺旋扫描特征概述

螺旋扫描特征是指截面沿轨迹线方向以设置的间距绕旋转轴盘升。利用螺旋扫描特征可以生成机械产品中经常用的弹簧、螺纹等，螺旋扫描特征要求设置扫描轨迹、旋转轴、间距、截面等。单击螺旋扫描特征，进入如图 3-43 所示的螺旋扫描选项板，在【参考】选项卡中定义扫描轨迹和旋转轴；在【间距】选项卡中定义变间距，即在扫描轨迹过程中，间距可以设置为不同的值；在【选项】选项卡中设置【变量】和【常量】，可以类比变截面扫描的操作方式。

图 3-43 螺旋扫描选项板

绘制螺旋扫描，如图 3-44 所示。螺旋扫描特征要注意以下几点：
1）扫描轨迹必须开放，不允许封闭。
2）扫描轨迹不可与中心线垂直。
3）切螺纹时截面的高度不能大于间距，否则不能去除材料。

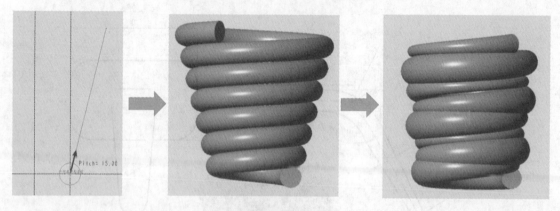

图 3-44 螺旋扫描

3.7.2 螺旋扫描特征实例

图 3-45 所示为螺旋扫描制作弹簧实例。本实例中螺旋扫描轨迹线为与中心距离为 50 的一直线、截面为 20 的圆，间距在螺旋扫描过程中由 20 变为 50 再变为 20，最后用拉伸去除材料将两端磨平，具体操作详见视频。

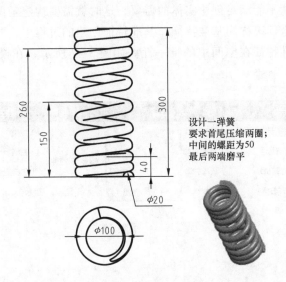

设计一弹簧
要求首尾压缩两圈；
中间的螺距为50
最后两端磨平

图 3-45　螺旋扫描制作弹簧实例

图 3-46 所示为螺旋扫描制作螺纹实例。本实例中首先采用扫描绘制弯管，用拉伸绘制两个螺母，然后分别用两个螺旋扫描去除材料绘制两个螺纹，需要注意的是绘制螺纹时截面的方向，具体操作详见视频。

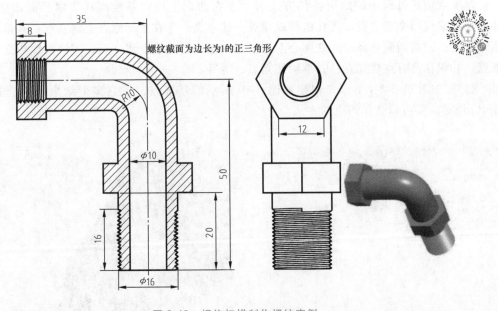

螺纹截面为边长为1的正三角形

图 3-46　螺旋扫描制作螺纹实例

3.8　基准特征

在设计中，经常需要借助一些辅助的点、线、面、坐标来完成产品的造型，但系统提供的辅助点、线、面往往不能满足创建实体的需要，这时就需要构建辅助的点、线、面等，所有这些点、线、面、坐标统称为基准特征。基准特征创建的过程中，要注意基准特征的约束条件，也就是要求基准特征在空间中的唯一性。如图 3-47 所示，在模型选项卡中可以看到基准特征命令。

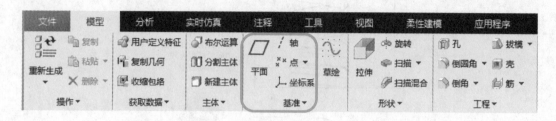

图 3-47　模型选项卡

3.8.1　创建基准点特征

创建基准特征点实际上就是定位点，单击【点】按钮，则弹出如图 3-48 所示的基准点对话框，选择相应的约束条件，一般是线或面，然后设置相应的约束值。在【点】按钮右下角，下拉右黑倒三角后可以看到可以创建【点】、【偏移坐标系】、【域】三种形式的点，这里只介绍【点】这种形式，即基准点。

基准点创建过程中的约束条件方式有：①在曲面上建立基准点；②偏移曲面建立点；③曲面和曲线相交建立点；④在曲线或顶点上建立点；⑤在坐标原点上建立点；⑥偏移坐标系建立点；⑦曲面建立点；⑧在圆心上建立基准点；⑨曲线上建立点；⑩两曲线相交建立基准点；⑪偏移已有点建立点；⑫草绘建立点；等等。

打开 "CH3 \ 3-8-1. prt"，创建如图 3-49 所示的基准点，注意多个约束条件选择要按住<Ctrl>键，并可以选择约束的方式。

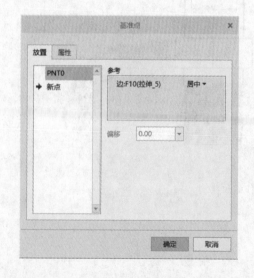

图 3-48　基准点对话框

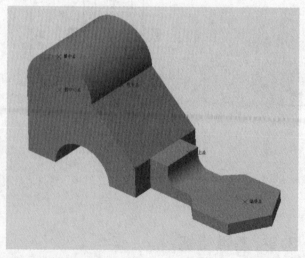

图 3-49　基准点创建

3.8.2 创建基准轴特征

创建轴的方法实际上就是构建直线的方法，单击【轴】按钮，弹出如图 3-50 所示的基准轴对话框，选择相应的约束条件，可以是点、线、面和坐标系等，但不管采用何种方式，只有当约束条件满足只能生成一条直线后单击【确定】按钮才有效。在此对话框中也可以设置【显示】选项卡，勾选【调整轮廓】后即可设置基准轴的长度，当然基准轴本身是一条平行线，可以向两边无限延长，所以这里的设置长度只是显示的长度；【属性】选项卡中可以设置轴的名字。

基准轴创建过程中的约束条件方式有：①通过边建立基准轴；②两点建立基准轴；③两平面相交建立基准轴；④通过点垂直平面建立基准轴；⑤选择两定位基准且垂直曲面的基准轴；⑥通过曲线上一点并与曲线相切的基准轴；⑦通过柱面建立基准轴；⑧在草绘里创建轴点；等等。

打开"CH3 \ 3-8-2. prt"，创建如图 3-51 所示的基准轴，注意多个约束条件选择要按住<Ctrl>键，并可以选择约束的方式。

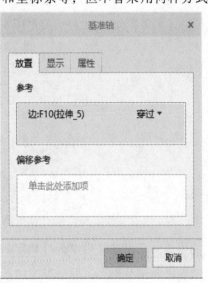

图 3-50 基准轴对话框

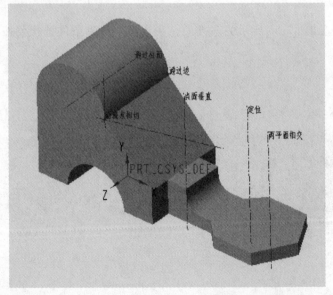

图 3-51 基准轴创建

3.8.3 创建基准平面特征

创建基准面就是建立平面所需要的约束，单击【平面】按钮，弹出如图 3-52 所示的基准平面对话框，选择相应的约束条件，可以是点、线、面和坐标系等，只有当约束条件满足

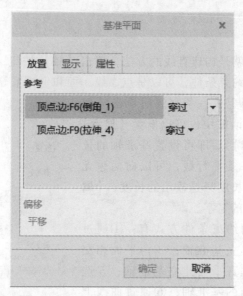

图 3-52　基准平面对话框

只能生成一个基准面后单击【确定】按钮才有效。

　　基准面创建过程中的约束条件方式有：①通过三点（三点不在同一直线上）；②通过两点一面；③通过一点且与一面平行；④通过一点且与直线垂直；⑤通过两条直线（两直线必须位于同一平面内）；⑥通过偏移平面；⑦通过角度偏移；⑧过曲面与该曲面相切；⑨通过坐标系偏移；等等。

　　打开"CH3 \ 3-8-3. prt"，创建如图 3-53 所示的基准面，注意多个约束条件选择要按住<Ctrl>键，并可以选择约束的方式。

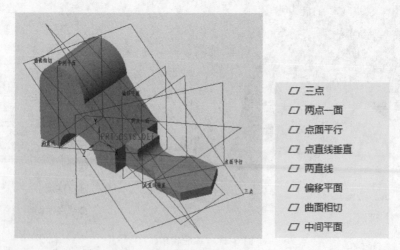

图 3-53　基准面创建

3.8.4　创建坐标系特征

　　创建坐标系就是建立坐标的原点和坐标的方向，两个要素应分开设置，单击【坐标系】

按钮，则弹出如图 3-54 所示的坐标系对话框，选择【原点】的约束条件，一般选择一个点或三面的交点，然后选择【方向】，确定坐标的方向约束。

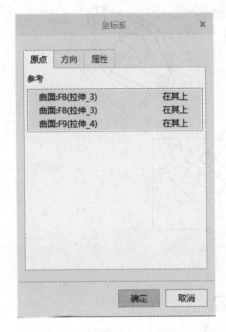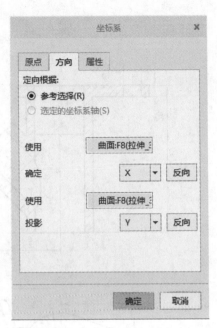

图 3-54 坐标系对话框

打开 "CH3 \ 3-8-4. prt"，创建如图 3-55 所示的坐标系。

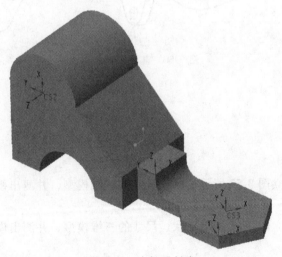

图 3-55 坐标系创建

3.8.5 基准特征实例

图 3-56 所示为基准特征实例。本实例中关键是如何创建 A 向的平面，通过距离 120 和 160 创建两个平行平面，然后通过这两个平面的交线得到一条基准轴，再以这条基准轴和底面创建需要的 A 向平面，具体操作详见视频。

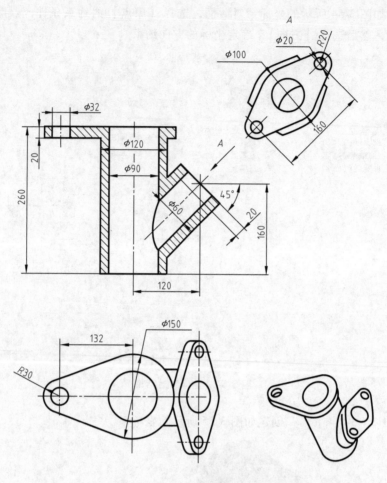

图 3-56　基准特征实例

 习　　题

1. 拉伸特征习题。

（1）使用 Creo 建立图 3-57 所示形状、尺寸的三维模型，并测出模型的体积（参考答案为 1409278mm³）。

（2）使用 Creo 建立图 3-58 所示形状、尺寸的三维模型，并测出模型的体积（参考答案为 735701mm³）。

（3）使用 Creo 建立图 3-59 所示形状、尺寸的三维模型，并测出模型的体积（参考答案为 37401.9mm³）。

（4）使用 Creo 建立图 3-60 所示形状、尺寸的三维模型，并测出模型的体积（参考答案为 61741.5mm³）。

（5）使用 Creo 建立图 3-61 所示形状、尺寸的三维模型，并测出模型的体积（参考答案为 62982.8mm³）。

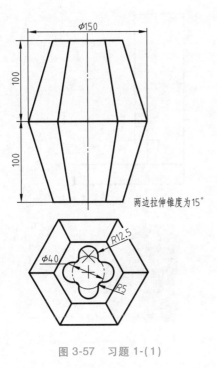

图 3-57 习题 1-(1)

图 3-58 习题 1-(2)

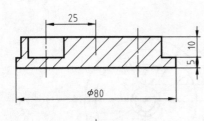

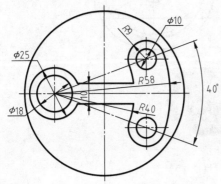

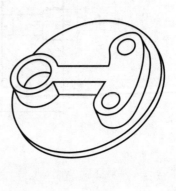

图 3-59 习题 1-(3)

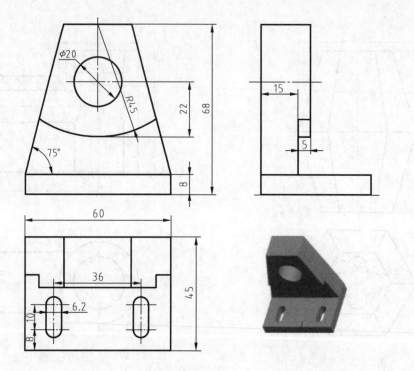

图 3-60 习题 1-(4)

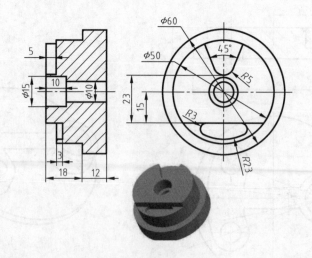

图 3-61 习题 1-(5)

（6）使用 Creo 建立图 3-62 所示形状、尺寸的三维模型，并测出模型的体积（参考答案为 124317mm³）。

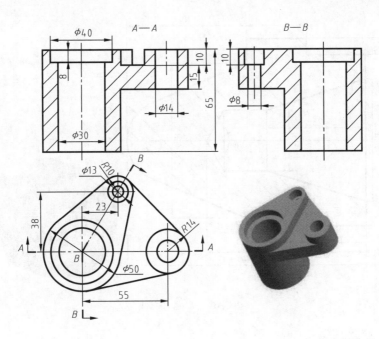

图 3-62　习题 1-(6)

2. 旋转特征习题。

（1）使用 Creo 建立图 3-63 所示形状、尺寸的三维模型，并测出模型的体积（参考答案为 33930.1mm³）。

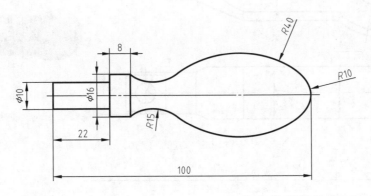

图 3-63　习题 2-(1)

（2）使用 Creo 建立图 3-64 所示形状、尺寸的三维模型，并测出模型的体积（参考答案为 54253.1mm³）。

（3）使用 Creo 建立图 3-65 所示形状、尺寸的三维模型，并测出模型的体积（参考答案为 6729.46mm³）。

（4）使用 Creo 建立图 3-66 所示形状、尺寸的三维模型，并测出模型的体积（参考答案为 351858mm³）。

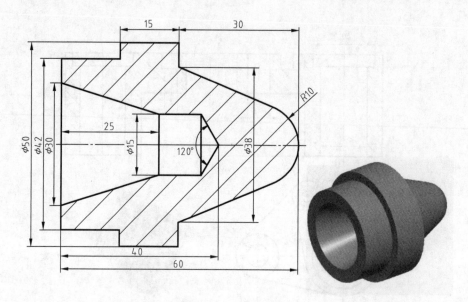

图 3-64　习题 2-（2）

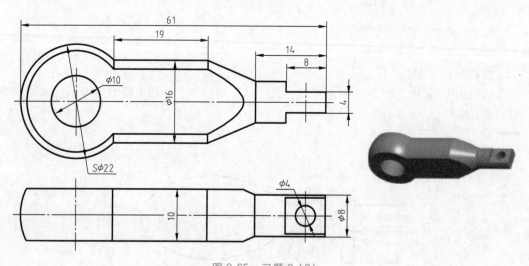

图 3-65　习题 2-（3）

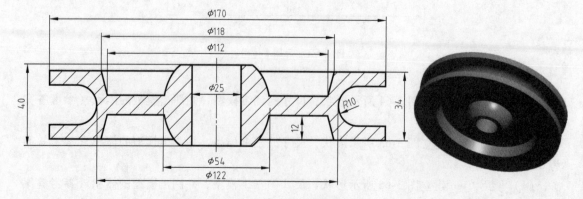

图 3-66　习题 2-（4）

（5）使用 Creo 建立图 3-67 所示形状、尺寸的三维模型，并测出模型的体积（参考答案为 11744.7mm³）。

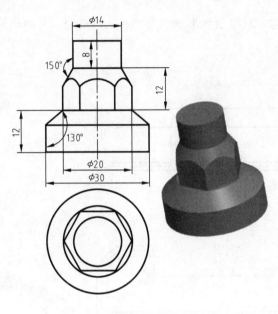

图 3-67　习题 2-(5)

（6）使用 Creo 建立图 3-68 所示形状、尺寸的三维模型，并测出模型的体积（参考答案为 54682.5mm³）。

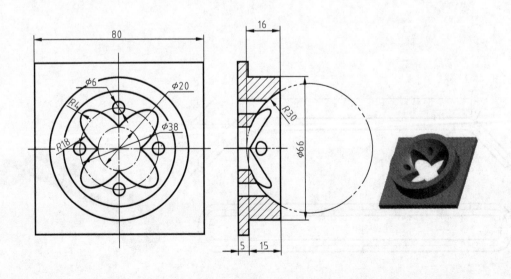

图 3-68　习题 2-(6)

3. 扫描特征习题。

（1）使用 Creo 建立图 3-69 所示形状、尺寸的三维模型，并测出模型的体积（参考答案为 6745.31mm³）。

（2）使用 Creo 建立图 3-70 所示形状、尺寸的三维模型，并测出模型的体积（参考答案为 47972.5mm³）。

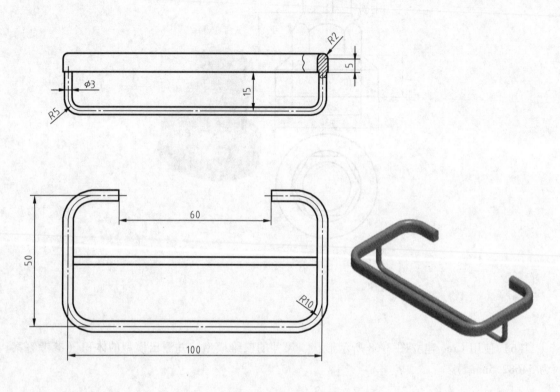

图 3-69 习题 3-(1)

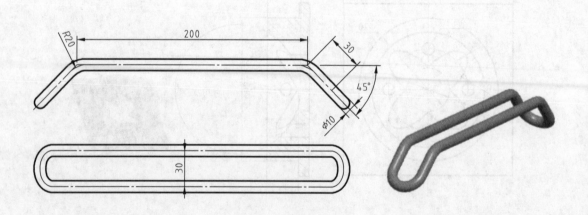

图 3-70 习题 3-(2)

（3）使用 Creo 建立图 3-71 所示形状、尺寸的三维模型，并测出模型的体积（参考答案为 53838mm³）。

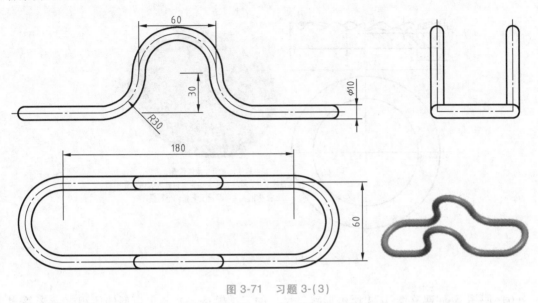

图 3-71 习题 3-(3)

（4）使用 Creo 建立图 3-72 所示形状、尺寸的三维模型，并测出模型的体积（参考答案为 2211061mm³）。

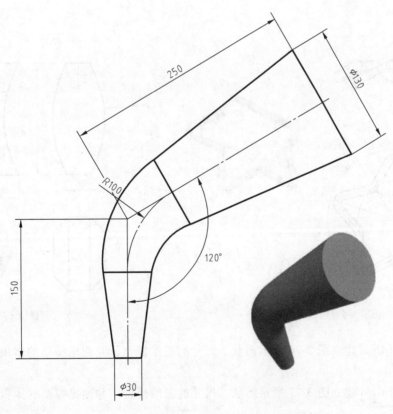

图 3-72 习题 3-(4)

（5）使用 Creo 建立图 3-73 所示形状、尺寸的三维模型，并测出模型的体积（参考答案为 750841mm³）。

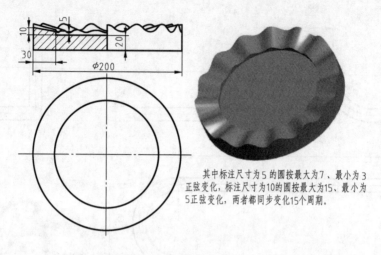

其中标注尺寸为5的圆按最大为7、最小为3
正弦变化，标注尺寸为10的圆按最大为15、最小为
5正弦变化，两者都同步变化15个周期。

图 3-73　习题 3-(5)

（6）使用 Creo 建立图 3-74 所示形状、尺寸的三维模型，并测出模型的体积（参考答案为 42352.8mm³）。

（7）使用 Creo 建立图 3-75 所示形状、尺寸的三维模型，并测出模型的体积（参考答案为 4828002mm³）。

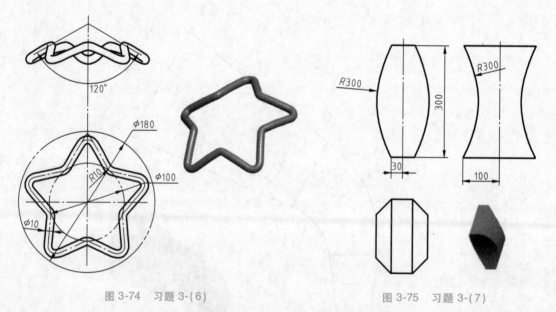

图 3-74　习题 3-(6)　　　　　　　　　　图 3-75　习题 3-(7)

（8）使用 Creo 建立图 3-76 所示形状、尺寸的三维模型，并测出模型的体积（参考答案为 282340mm³）。

（9）使用 Creo 建立图 3-77 所示形状、尺寸的三维模型，并测出模型的体积（参考答案为 126226mm³）。

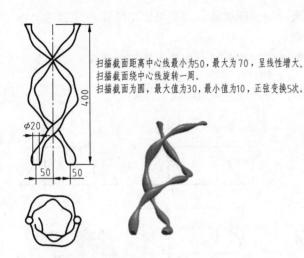

扫描截面距离中心线最小为50，最大为70，呈线性增大。
扫描截面绕中心线旋转一周。
扫描截面为圆，最大值为30，最小值为10，正弦变换5次。

图 3-76 习题 3-(8)

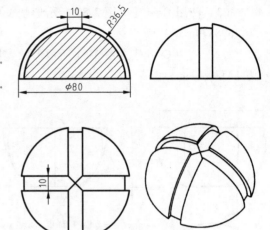

图 3-77 习题 3-(9)

4. 混合特征习题。

（1）使用 Creo 建立图 3-78 所示形状、尺寸的三维模型，并测出模型的体积（参考答案为 154334mm³）。

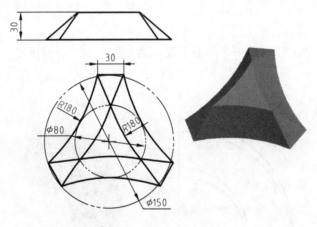

图 3-78 习题 4-(1)

（2）使用 Creo 建立图 3-79 所示形状、尺寸的三维模型，并测出模型的体积（参考答案为 28867.5mm³）。

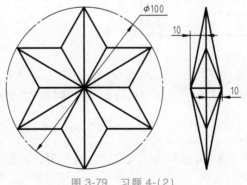

图 3-79 习题 4-(2)

（3）使用 Creo 建立图 3-80 所示形状、尺寸的三维模型，并测出模型的体积（参考答案为 2698379mm^3）。

（4）使用 Creo 建立图 3-81 所示形状、尺寸的三维模型，并测出模型的体积（参考答案为 13570.8mm^3）。

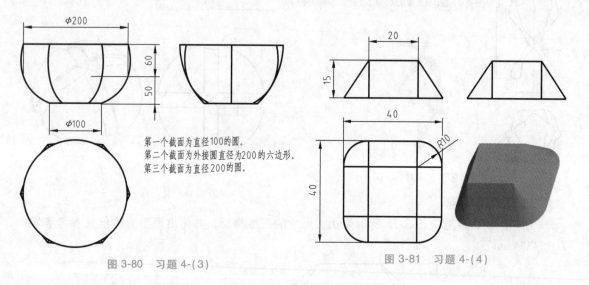

第一个截面为直径100的圆。
第二个截面为外接圆直径为200的六边形。
第三个截面为直径200的圆。

图 3-80　习题 4-（3）　　　　　　　　　　　图 3-81　习题 4-（4）

（5）使用 Creo 建立图 3-82 所示形状、尺寸的三维模型，并测出模型的体积（参考答案为 26293.1mm^3）。

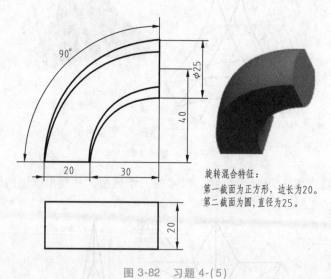

旋转混合特征：
第一截面为正方形，边长为20。
第二截面为圆，直径为25。

图 3-82　习题 4-（5）

（6）使用 Creo 建立图 3-83 所示形状、尺寸的三维模型，并测出模型的体积（参考答案为 3741626mm^3）。

5. 扫描混合特征习题。

（1）使用 Creo 建立图 3-84 所示形状、尺寸的三维模型，并测出模型的体积（参考答案为 14205.6mm^3）。

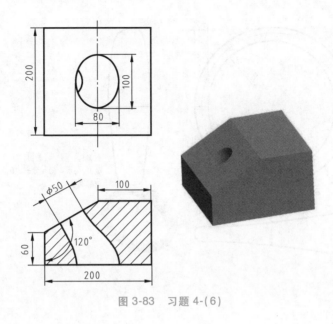

图 3-83 习题 4-(6)

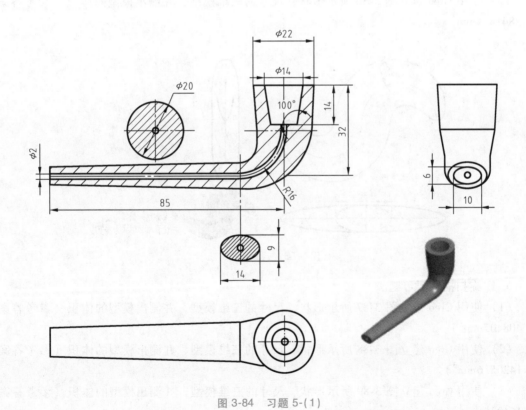

图 3-84 习题 5-(1)

（2）使用 Creo 建立图 3-85 所示形状、尺寸的三维模型，并测出模型的体积（参考答案为 330.431mm³）。

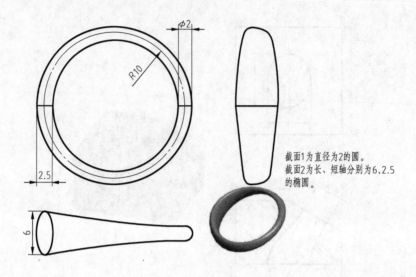

截面1为直径为2的圆。
截面2为长、短轴分别为6、2.5
的椭圆。

图 3-85 习题 5-(2)

（3）使用 Creo 建立图 3-86 所示形状、尺寸的三维模型，并测出模型的体积（参考答案为 28414.4mm³）。

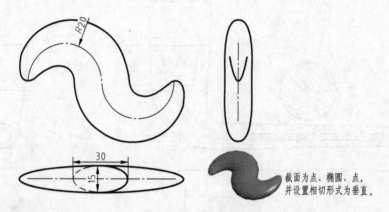

截面为点、椭圆、点，
并设置相切形式为垂直。

图 3-86 习题 5-(3)

6. 螺旋扫描特征习题。

（1）使用 Creo 建立图 3-87 所示形状、尺寸的三维模型，并测出模型的体积（参考答案为 408407mm³）。

（2）使用 Creo 建立图 3-88 所示形状、尺寸的三维模型，并测出模型的体积（参考答案为 14205.6mm³）。

（3）使用 Creo 建立图 3-89 所示形状、尺寸的三维模型，并测出模型的体积（参考答案为 164985mm³）。

（4）使用 Creo 建立图 3-90 所示形状、尺寸的三维模型，并测出模型的体积（参考答案为 2335999mm³）。

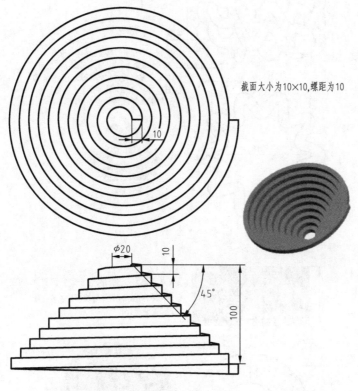

截面大小为10×10,螺距为10

图 3-87　习题 6-(1)

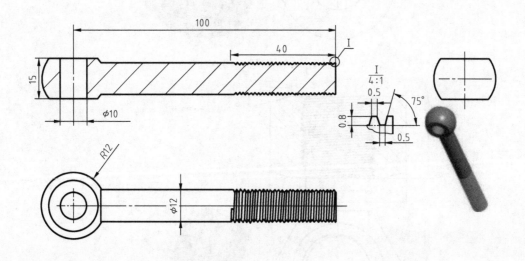

图 3-88　习题 6-(2)

（5）使用 Creo 建立图 3-91 所示形状、尺寸的三维模型，并测出模型的体积（参考答案为 3741626mm^3）。

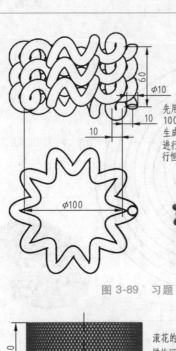

先用一条线进行螺旋扫描,扫描直径为100、螺距为20,生成三整圈,然后用生成的曲线进行变截面扫描,用关系式进行周期为30,最后用生成的曲线进行恒截面扫描,截面直径为10。

图 3-89　习题 6-(3)

滚花的截面为正三角形,边长为2,螺旋扫描的间距为1000,镜像螺旋扫描后进行轴阵列,数量为100。

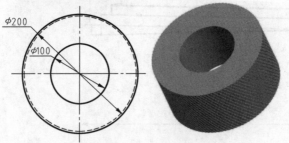

图 3-90　习题 6-(4)

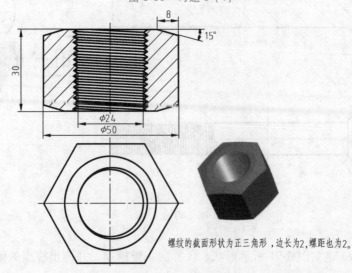

螺纹的截面形状为正三角形,边长为2,螺距也为2。

图 3-91　习题 6-(5)

（6）使用 Creo 建立图 3-92 所示形状、尺寸的三维模型，并测出模型的体积（参考答案为 180.036mm³）。

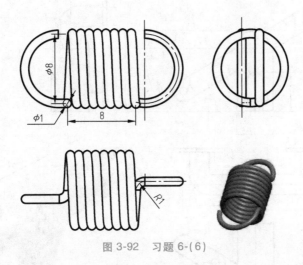

图 3-92 习题 6-（6）

7. 基准特征习题。

（1）使用 Creo 建立图 3-93 所示形状、尺寸的三维模型，并测出模型的体积（参考答案为 199981mm³）。

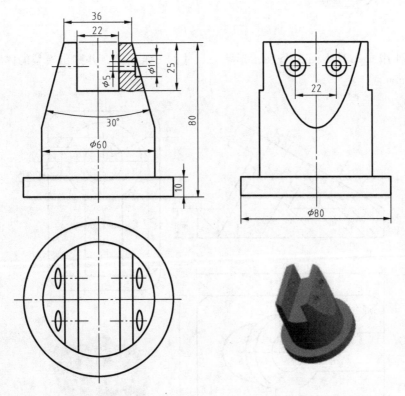

图 3-93 习题 7-（1）

（2）使用 Creo 建立图 3-94 所示形状、尺寸的三维模型，并测出模型的体积（参考答案为 3741626mm^3）。

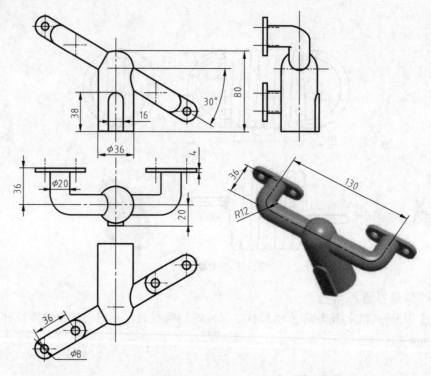

图 3-94 习题 7-（2）

（3）使用 Creo 建立图 3-95 所示形状、尺寸的三维模型，并测出模型的体积（参考答案为 886620mm^3）。

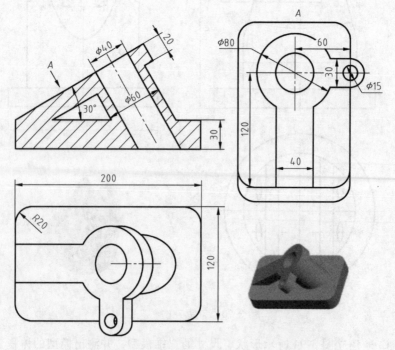

图 3-95 习题 7-（3）

（4）使用 Creo 建立图 3-96 所示形状、尺寸的三维模型，并测出模型的体积（参考答案为 181611mm³）。

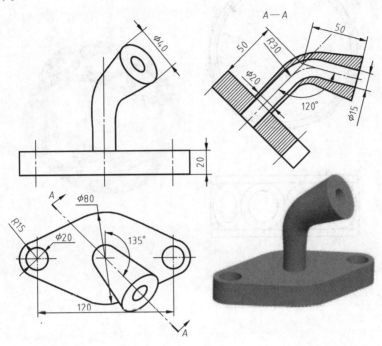

图 3-96 习题 7-(4)

（5）使用 Creo 建立图 3-97 所示形状、尺寸的三维模型，并测出模型的体积（参考答案为 304035mm³）。

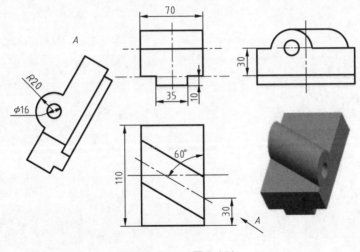

图 3-97 习题 7-(5)

（6）使用 Creo 建立图 3-98 所示形状、尺寸的三维模型，并测出模型的体积（参考答案为 14918.0mm³）。

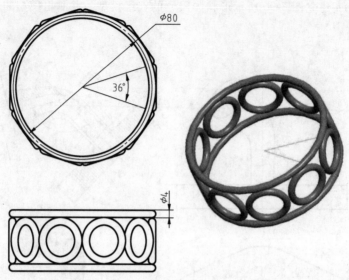

图 3-98　习题 7-(6)

第4章

零件设计之工程特征

4.1 工程特征概述

工程特征就是在形状特征建模的基础上添加其他一些特征。工程特征的引入，可简化草图的绘制，如图 4-1 所示，一般圆角和倒角不在草图中绘制，而采用圆角特征和倒角特征，拉伸成孔也一般用孔特征替代。所有这些特征统称为工程特征。

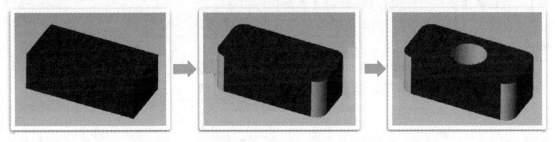

图 4-1 圆角工程特征

工程特征如图 4-2 所示，包括：【孔】特征、【壳】特征、【筋】特征、【拔模】特征、【倒角】特征、【倒圆角】特征、【修饰螺纹】、【环形折弯】、【骨架折弯】、【修饰槽】等。

图 4-2 工程特征

4.2 孔特征

4.2.1 孔特征概述

孔特征选项板如图 4-3 所示，孔特征可以创建两种【类型】的孔，即【简单】直孔和【标准】孔。

简单孔，其【轮廓】有三种类型：【预定义】、【标准】、【草绘】。【预定义】的孔，只能【设置】其【直径】和深度。【标准】孔，可以设置【沉头孔】和【沉孔】，并通过

【形状】面板设置各参数。一般不建议使用【草绘】孔，建议用旋转特征来代替草绘孔。

图 4-3 孔特征选项板

在创建孔特征的过程中，关键是孔的定位，类似在钻床上钻孔，需要先确定孔的位置，即孔的中心轴线的位置以及在哪个面上打孔，即【放置】面板的设置，如图 4-4 所示。具体操作如下：

1）选择【放置】面，即钻孔的平面（有时也可以是曲面）。

2）设置定位方式，有五种定位方式：【线性】（X、Y）、【径向】（半径和角度）、【直径】（直径和角度）、【同轴】（轴线）、【点上】（点）。

3）设置【偏移参考】，根据不同的定位方式，设置不同的偏移参考，上一步中括号中的内容即偏移参考的参数。

4）设置孔【直径】、深度以及其他参数值后，单击【确定】按钮即可。

下面就上述五种定位方式一一阐述如何创建不同形式的孔。

4.2.2 线性定位孔

在线性定位孔方式里，【放置】的面必须是平面，【偏移参考】有两个，用于控制孔中心点的位置。线性定位孔的放置面板如图 4-5 所示，线性定位创建孔的结果如图 4-6 所示。

设置工作目录为"CH4"，打开"4-1-1.prt"文件，单击孔特征，出现孔特征选项板，展开如图 4-5 所示的放置面板，设置孔的放置面，然后设置孔的偏移参考，具体操作详见视频。

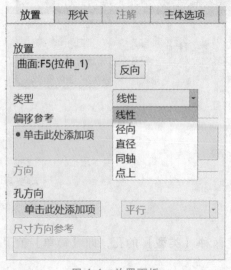

图 4-4 放置面板

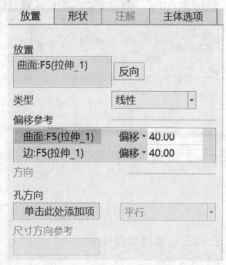

图 4-5 线性定位孔的放置面板

偏移参考有两种操作方式：

1）用鼠标拖动手把到边或面，然后设置偏移参考的值，如图4-6所示。

2）在图4-5所示【放置】面板的【偏移参考】框中单击，然后用鼠标选择边或面，注意同时按<Ctrl>键选择第二个面或边，然后设置偏移参考的值。

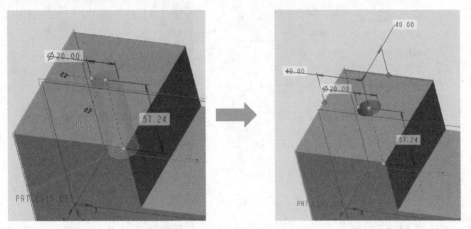

图4-6 线性定位创建孔的结果

4.2.3 径向和直径定位孔

在径向和直径定位孔方式里，【放置】的平面可以是曲面也可以是平面，如【放置】的是曲面，即在圆柱面上创建孔，则只能创建【径向】孔，同样，【偏移参考】有两个，分别用来确定偏移的【轴向】距离和偏移的【角度】，圆柱面上创建径向孔如图4-7所示。

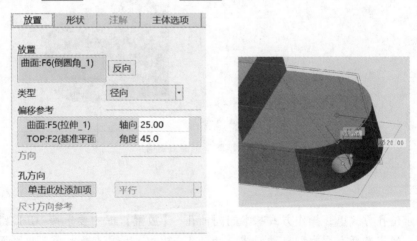

图4-7 圆柱面上创建径向孔

如【放置】的是平面，即在平面上创建孔，此时类型要选择为【径向】或【直径】，则【偏移参考】有两个，选择轴确定【半径】或【直径】，选择平面确定偏移的【角度】，平面上创建径向孔如图4-8所示。

4.2.4 同轴定位孔

在同轴定位孔方式里，【放置】框中要求按<Ctrl>键选择平面和轴，一般先选择轴后，

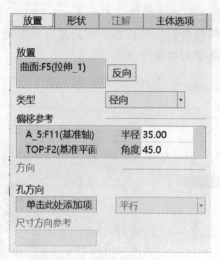
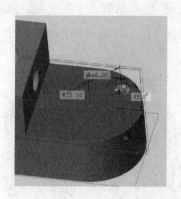

图 4-8 平面上创建径向孔

类型自动变成【同轴】，按<Ctrl>键选择放置平面，采用该方式，孔的位置已经确定，不需要【偏移参考】，平面上创建同轴孔如图 4-9 所示。

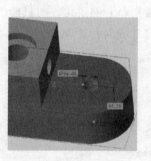

图 4-9 平面上创建同轴孔

4.2.5 点上定位孔

在点上定位孔方式里，操作方式基本同同轴孔，【放置】框中要求按<Ctrl>键选择平面和轴，同样一般先选择点后类型自动变成【点上】，按<Ctrl>键选择平面，此平面用来确定孔的方向。采用该方式，孔的位置已经确定，不需要【偏移参考】，平面上创建点上孔如图4-10 所示。

4.2.6 孔的形状设置

当【轮廓】改为【标准】孔时，可以设置【沉头孔】和【沉孔】，并通过如图 4-11 所示的【形状】面板设置各参数，要注意可以分别设置【沉头孔】或【沉孔】，也可以同时设置【沉头孔】和【沉孔】，【退出沉头孔】只有当孔是通孔时才有效。

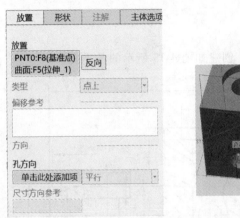

图 4-10 平面上创建点上孔

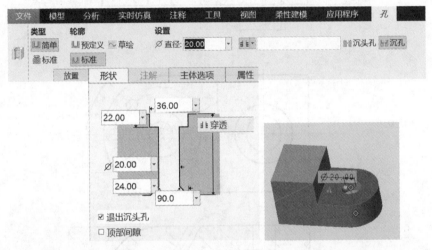

图 4-11 形状面板

【顶部间隙】一般不用，只有当孔的钻孔方向不是放置面的法向方向时，才需要勾选【顶部间隙】，也可以理解为反向打通钻孔。沿草绘直线方向打孔如图 4-12 所示，设置面板上【孔方向】采用草绘 1，【线性】定位孔，在形状面板里体会勾选与不勾选顶部间隙的区别。

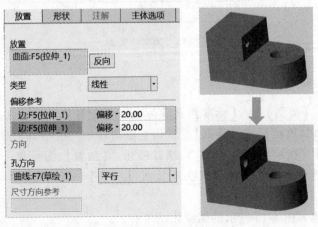

图 4-12 沿草绘直线方向打孔

4.2.7 简单孔实例

重新打开"CH4\4-2-1.prt",创建如图 4-13 所示的各类孔。

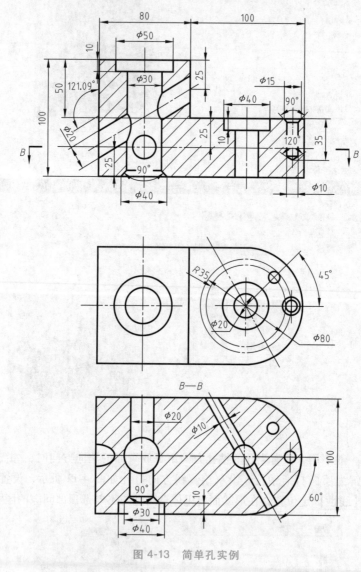

图 4-13　简单孔实例

4.2.8 标准孔的创建

创建孔特征时,【类型】为【标准】孔实际上就是创建螺纹孔,如图 4-14 所示,其中【轮廓】可以是【添加攻丝】或【锥形】,默认是添加攻丝,但不管轮廓是哪种类型,都需要确定【螺纹类型】(国家标准为 ISO)和螺钉尺寸,【放置】面板和【形状】面板的操作方式同前,在螺纹孔中也可以设置【沉头孔】或【沉孔】,还可以添加【注解】下的文字描述等内容。

新建文件,创建如图 4-15 所示的螺纹孔。

图 4-14　创建螺纹孔

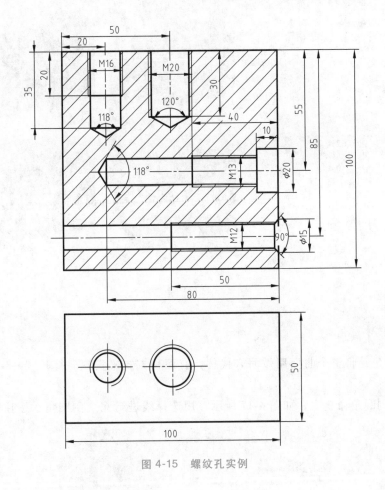

图 4-15　螺纹孔实例

4.3　倒圆角特征

在倒圆角工程特征中，如图 4-16 所示，【集】面板下一次可以对多条边倒圆角，并可以分集设置，每集可以分别定义半径。打开 "4-3-1. prt" 文件，可以进行以下操作：

1）可以用<Ctrl>键结合选择一组的多个图元，若不按<Ctrl>键则建立多个集。

2）选择一个面的边缘线，先选择其中的一条边，然后用<Shift>键结合选择面来选择面上的所有线。

3）可以采用选择两个面来选择两个面的交线，用<Ctrl>键结合选择第二个面。

4）可以选择一个面和一条线倒圆角，先选择面，按<Ctrl>键结合选择对应的线。

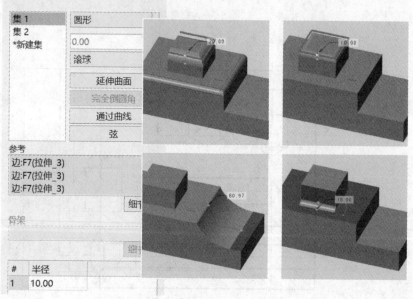

图 4-16　倒圆角特征

4.3.1　完全倒圆角

完全倒圆角是将整个曲面用弧面来代替，有两种方式来实现。打开"4-3-2. prt"文件，进行以下操作：

1）执行倒圆角命令后，如图 4-17 所示，用选择线进行完全倒圆角，按住<Ctrl>键选择

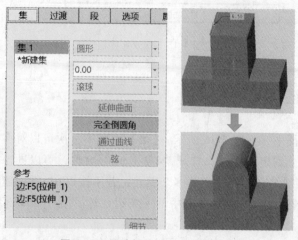

图 4-17　用选择线进行完全倒圆角

两边线，然后执行【集】面板中的【完全倒圆角】即可，注意两条边线必须是要完全倒圆角的两条边线，也可以对有锥度的图形进行完全倒圆角。

2）执行倒圆角命令后，用选择平面进行完全倒圆角，如图 4-18 所示，按住<Ctrl>键选择两对立的平面，然后选择要完全倒圆角的【驱动曲面】，这种方式不用打开【集】面板，可以直接创建完全倒圆角。同时也可以选择有锥度的两个面，这时自动执行完全倒圆角而不需要驱动曲面。

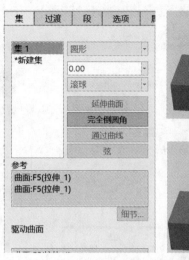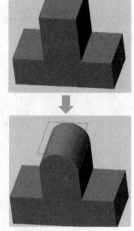

图 4-18 用选择平面进行完全倒圆角

4.3.2 变半径倒圆角

默认状态下，一条边线的圆角半径是不变的，但可以为其设置不同的圆角半径，变半径倒圆角如图 4-19 所示，打开"4-3-3. prt"文件，选择一条需要变半径的线段，在【集】面板【半径】区域中右击弹出快捷菜单，添加半径并可以设置【半径】值与【位置】。

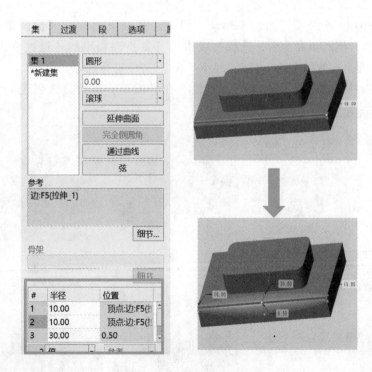

图 4-19 变半径倒圆角

另外半径值也可以采用参照的形式设置，利用参考点进行变半径倒圆角如图 4-20 所示，位置采用参照两顶点进行。

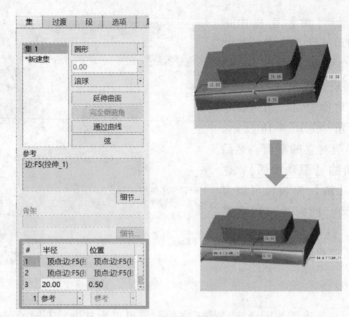

图 4-20　利用参考点进行变半径倒圆角

4.3.3　曲线驱动倒圆角

　　倒圆角的半径也可以采用曲线来驱动，但要注意曲线必须在要倒圆角的曲面上，如图 4-21 所示，执行倒圆角命令后，选择边线执行【集】面板中的【通过曲线】，然后选择【驱动曲线】即可。有两种方式，打开"4-3-4. prt"文件进行练习。

　　1）图 4-21a 中驱动曲线是草绘 3，草绘 3 在平面上，这种方式创建的倒圆角需要注

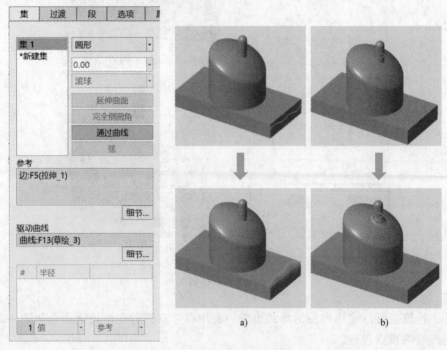

图 4-21　曲线驱动倒圆角

意的是驱动曲线的弧度不能太小，即驱动半径的变化值不能太大，否则会导致倒圆角失败。

2）图 4-21b 中驱动曲线在圆柱面上，通过 DTM1 平面创建一个圆，但采用这种方式创建的曲线是无法作为驱动曲线的，在软件中要求驱动曲线在相应的平面或曲面上，而采用这种方式创建的曲线，软件不认为是在曲面上，故这里要采用投影的方式创建曲线。

4.3.4 倒圆角实例

图 4-22 所示为倒圆角实例。操作时不允许在草图中绘制圆角，倒圆时要注意先后顺序，并尽量在一次倒圆命令中完成多个图元的倒圆，具体操作详见视频。

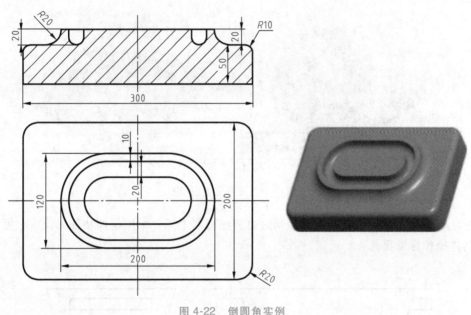

图 4-22 倒圆角实例

4.4 壳特征

4.4.1 壳特征概述

在如图 4-23 所示的壳特征中，可以对实体进行抽壳，【设置】壳的【厚度】；在【参考】面板下可以设置【移除曲面】以及【非默认厚度】曲面的选择；在【选项】面板下可以选择不参与抽壳的曲面即【排除曲面】，但注意要同时选中对立的两个面。

打开 "4-4-1.prt" 文件，根据上图参数完成如图 4-24 所示的壳特征参数设置，要求设置移除曲面、非默认厚度曲面及需要排除的曲面，具体操作详见视频。

4.4.2 壳特征实例

图 4-25 所示为壳特征实例。本实例中通过拉伸绘制基本图形，然后进行倒圆，执行壳

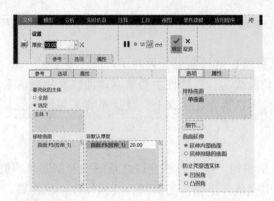

图 4-23　壳特征

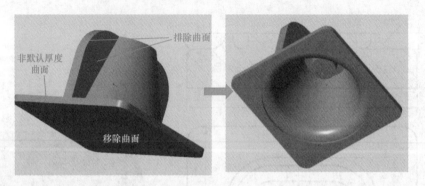

图 4-24　壳特征参数设置

特征，注意排除不参与抽壳的曲面，同时也要注意两个把手采用拉伸特征完成应在哪一步进行，具体操作详见视频。

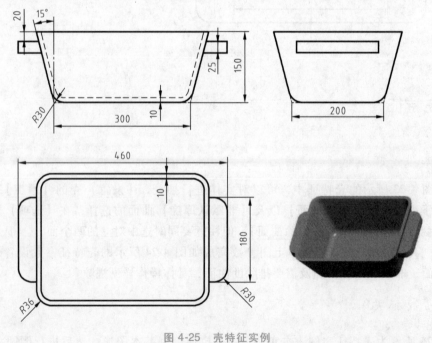

图 4-25　壳特征实例

4.5 倒角特征

4.5.1 倒角特征概述

在倒角特征中，可以对实体进行边线和顶点的倒角，分别为边倒角和拐角倒角，一般在轴类零件建模过程中，需要对端面边线进行倒角。如图 4-26 所示，边倒角的操作方式基本和倒圆角一样，在集面板下，可以对不同的边分成若干个集，有不同的倒角值，【设置】有 6 种模式，这里只讲涉及有 D 的模式，D 指倒角后形成新的边线到原选择边线的距离，由于边线是两个面的交线，故形成的新边线有两条，可以设置距离为相同或不同。

图 4-26　边倒角

如图 4-27 所示，拐角倒角是对一个顶点进行倒角，它涉及与顶点相连的三条边线，故需要【设置】三条边线的截取距离。

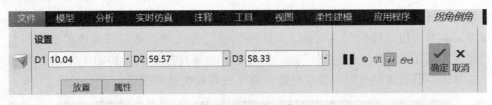

图 4-27　拐角倒角

打开"4-5-1.prt"文件，如图 4-28 所示，对 A 边线倒角距离为 2，B 边线倒角距离为 4，C 边线倒角距离为 10×15，D 边线倒角距离为 5，E 顶点倒角距离均为 10。

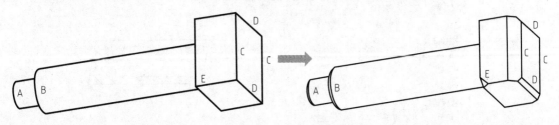

图 4-28　倒角参数设置

4.5.2 倒角特征实例

图 4-29 所示为倒角特征实例，本实例是轴类零件，轴类零件一般都需要对边线进行倒角，同时这里也对键槽进行了倒角处理。

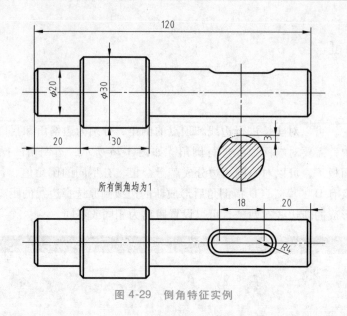

图 4-29　倒角特征实例

4.6　拔模特征

4.6.1　拔模特征概述

在拔模（注意：机械工程中的规范用词应是"起模"，Creo 软件中使用了"拔模"，为便于学习，本书使用"拔模"，以与 Creo 保持统一）特征中，可以对实体的曲面设置一定的拔模斜度，这在模具行业中应用广泛，目的是方便零件的脱模，如图 4-30 所示的拔模特征中，关键需要设置拔模曲面、拔模枢轴、拖拉方向和拔模角度等。

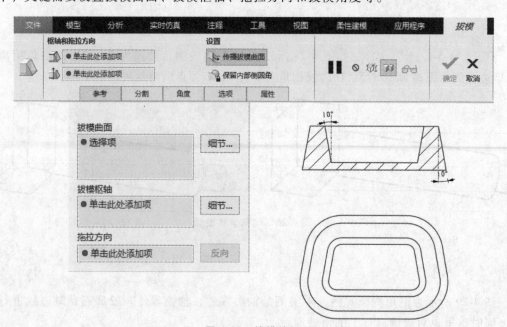

图 4-30　拔模特征

这里需要注意以下几个概念：

1）拔模曲面。要添加拔模斜度的面，可以有多个；如果是环曲面，可以采用环曲面的选择方法，首先选择面，然后按<Shift>键选择面的边线，放开<Shift>键则选中所有边线的面，即环曲面。

2）拔模枢轴。拔模之后保持边界不变或者说面积不变的平面或曲面，也可以是假想的面。

3）拖拉方向。拔模角的参照方向，默认是拔模驱轴的法向方向，一般采用默认值，即拔模驱轴的法向方向。

4）拔模角度。拔模倾斜的角度，只有在正确选择拔模曲面和拔模驱轴后才会在拔模选项板上出现角度设置值，可以改变角度的方向。

打开 "4-6-1. prt" 文件，对外边和里边分别设置拔模斜度为 10°。

4.6.2 拔模特征的分割面

拔模特征分割面设置如图 4-31 所示，可以【根据拔模枢轴分割】对实体进行分割，如果选择的拔模枢轴面是实体内部的面，可以分别设置上下拔模角度（【设置角】）。打开 "4-6-2. prt" 文件，将带圆角的曲面作为拔模曲面，TOP 作为拔模枢轴面，则可以设置【分割选项】，分别设置 10° 和 15°。

在该零件中，拔模曲面中有倒圆角面，可以启用【保留内部倒圆角】，使之完成拔模特征后，圆角值依旧不变。

4.6.3 拔模特征的角度面板

如图 4-32 所示拔模变角度的设置中，可以对同一拔模曲面设置不同的拔模角度，从而形成变拔模角度曲面，要注意的是，此时必须勾选【调整角度保持相切】，否则不能增加拔模角度，另外要注意一般采用单曲面来拔模。

在上一零件的基础上添加一个拔模特征，选择左侧面为拔模曲面，上表面为拔模枢轴，同时设置图 4-32 中的角度。

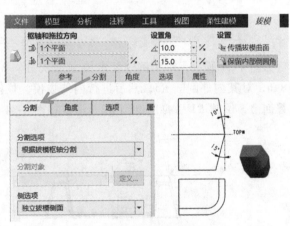

图 4-31 拔模特征分割面设置

图 4-32 拔模变角度的设置

4.6.4 拔模特征的排除面

在拔模时，若拔模曲面被分为几块，则可以对其中的部分进行排除，使之不参与拔模。

打开"4-6-3.prt"文件，井字形的曲面实际为同一面，以它为拔模曲面，上表面为拔模枢轴，可以在如图 4-33 所示排除面的设置【选项】面板中，采用【排除环】的形式选择上面两块小平面，使其不参与拔模（设置拔模角度为 15°）。

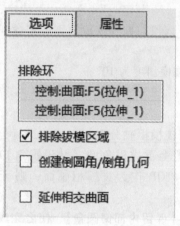

图 4-33　排除面的设置

4.6.5 拔模特征实例

如图 4-34 所示，本实例中要求绘制烟灰缸。先绘制 50×50×18 的矩形，内部切去 40×40×16，对其内外倒圆 R5，然后进行内外拔模，拔模角度分别是 15°和 8°，拉伸去除材料形成香烟槽，倒圆 R1 后再次倒圆 R2，形成如图 4-34 所示的实体，具体操作详见视频。

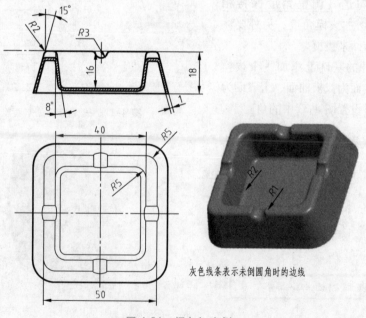

灰色线条表示未倒圆角时的边线

图 4-34　烟灰缸实例

80

4.7 轮廓筋特征和轨迹筋特征

4.7.1 轮廓筋特征概述

轮廓筋特征是指以草绘图形的线和实体的线连接形成封闭图形后给以一定的厚度形成的特征。草绘图形必须和实体的轮廓线结合形成一个封闭环,然后和实体合并端点结合拉伸形成特征。轮廓筋特征通常用于加强零件强度,草绘图形可以预先绘制好或在特征中绘制,但要特别注意的是:草绘图形的端点必须在实体上,否则就无法和实体上的轮廓线连接成封闭环。如图 4-35 所示的轮廓筋特征,只需要【设置】厚度以及定义【草绘】。

图 4-35 轮廓筋特征

打开 "4-7-1. prt" 文件,轮廓筋操作如图 4-36 所示,对第一条线作轮廓筋特征时,由于端点不在实体上则无法生成轮廓筋特征,处理方式是可以删除孔或者将线条下移;对第二条线作轮廓筋特征时,可以生成轮廓筋特征,并且它可以和曲面无缝连接;对第三条线作轮廓筋特征时,只有设置的方向朝内才能生成轮廓筋特征,并且它可以和上下都生成轮廓筋特征。

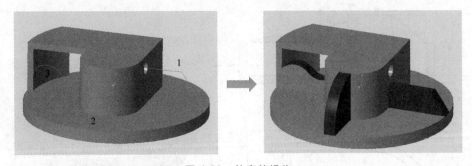

图 4-36 轮廓筋操作

4.7.2 轨迹筋特征概述

轨迹筋特征是指以草绘图形的线为轨迹(如果是开放线段则可以延伸到实体),给以一定的厚度向实体面结合形成的特征。其草绘图形可以是封闭的,也可以是开放的,开放的线条要求端点延伸后能与实体相交。轨迹筋特征通常也用于加强零件,在轨迹筋特征中,可以在【设置】中【添加拔模】、【倒圆角暴露边】、【倒圆角内部边】等,具体可以展开形状面板进行设置。轨迹筋如图 4-37 所示。

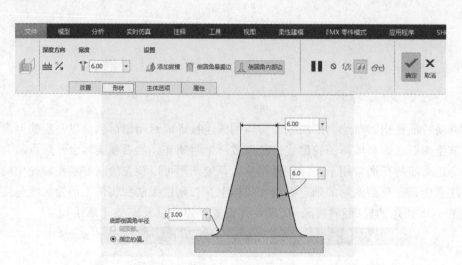

图 4-37 轨迹筋

打开 "4-7-3. prt" 文件，对草图 1 执行轨迹筋特征命令，设置厚度为 6，拔模角度为 5°，倒圆角内部边为 R5，对草图 2 执行轨迹筋特征命令，设置厚度为 15，倒圆角暴露边为 R5。轨迹筋设置如图 4-38 所示。

4.7.3 筋特征实例

图 4-39 所示为筋特征实例。本实例要求分别用到轨迹筋和加强筋。

图 4-38 轨迹筋设置

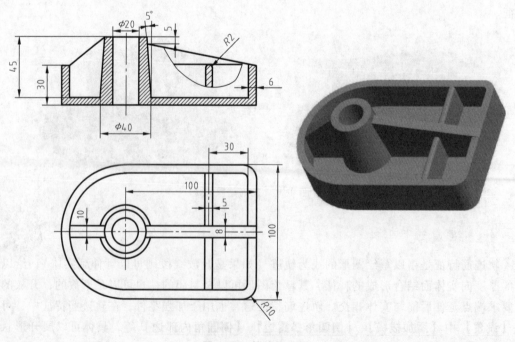

图 4-39 筋特征实例

4.7.4 工程特征综合实例

工程特征综合实例如图 4-40 所示。本例中，要用到壳特征、孔特征、轮廓筋特征等工程特征。

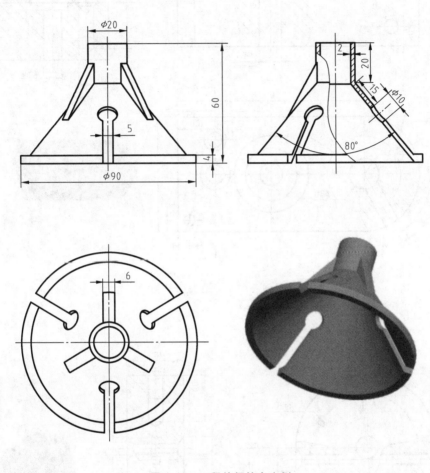

图 4-40 工程特征综合实例

习　　题

1. 孔特征习题。

（1）使用 Creo 建立图 4-41 所示形状、尺寸的三维模型，并测出模型的体积（参考答案为 26848738mm³）。

（2）使用 Creo 建立图 4-42 所示形状、尺寸的三维模型，并测出模型的体积（参考答案为 9527957mm³）。

（3）使用 Creo 建立图 4-43 所示形状、尺寸的三维模型，并测出模型的体积（参考答案为 1410763mm³）。

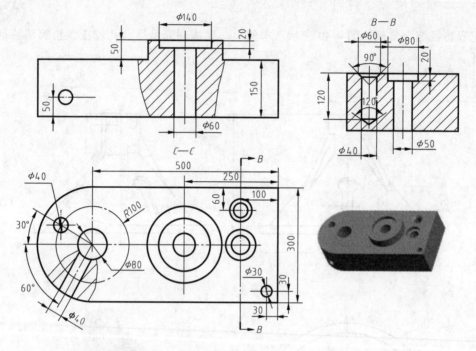

图 4-41　习题 1-(1)

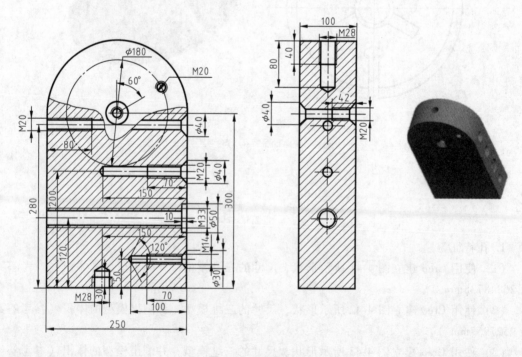

图 4-42　习题 1-(2)

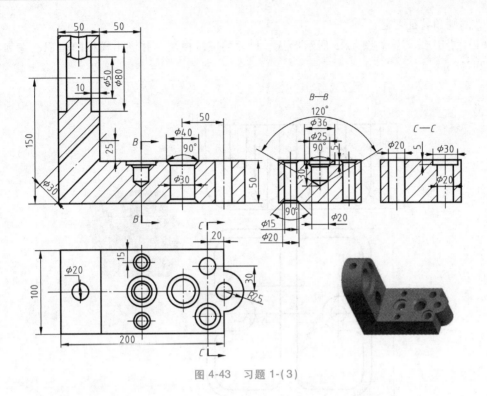

图 4-43 习题 1-(3)

（4）使用 Creo 建立图 4-44 所示形状、尺寸的三维模型，并测出模型的体积（参考答案为 119310mm^3）。

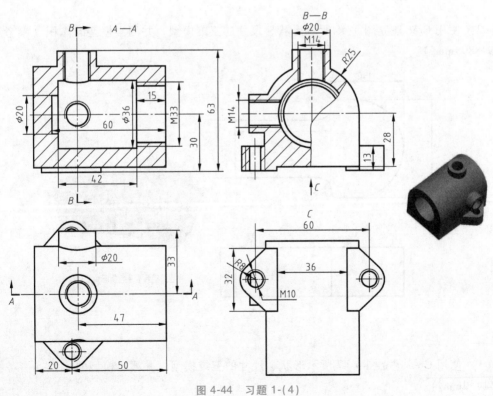

图 4-44 习题 1-(4)

2. 倒圆角特征习题。

（1）使用 Creo 建立图 4-45 所示形状、尺寸的三维模型，并测出模型的体积（参考答案为 1628718mm³）。

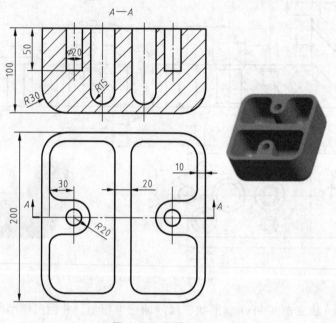

图 4-45　习题 2-(1)

（2）使用 Creo 建立图 4-46 所示形状、尺寸的三维模型，并测出模型的体积（参考答案为 4948893mm³）。

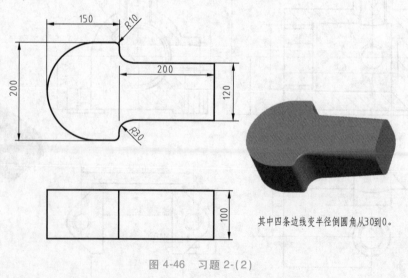

其中四条边线变半径倒圆角从30到0。

图 4-46　习题 2-(2)

（3）使用 Creo 建立图 4-47 所示形状、尺寸的三维模型，并测出模型的体积（参考答案为 451439mm³）。

3. 壳特征习题。

（1）使用 Creo 建立图 4-48 所示形状、尺寸的三维模型，并测出模型的体积（参考答案为 772784mm^3）。

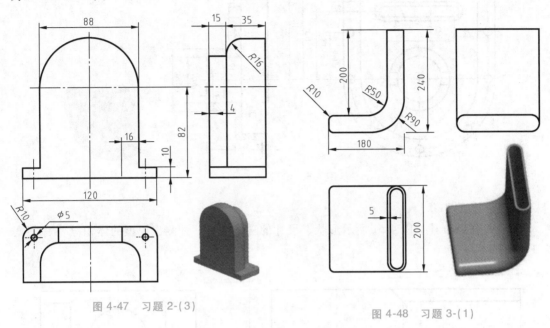

图 4-47　习题 2-(3)　　　　　　　　　　图 4-48　习题 3-(1)

（2）使用 Creo 建立图 4-49 所示形状、尺寸的三维模型，并测出模型的体积（参考答案为 17231mm^3）。

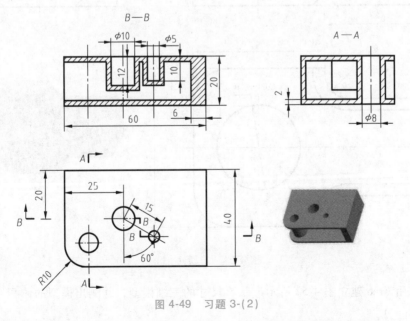

图 4-49　习题 3-(2)

（3）使用 Creo 建立图 4-50 所示形状、尺寸的三维模型，并测出模型的体积（参考答案为 233202mm^3）。

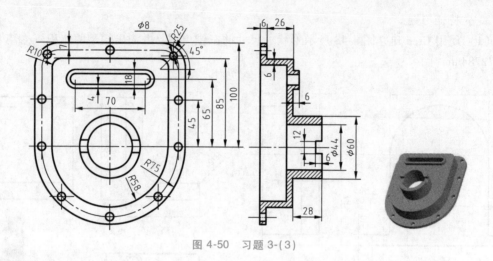

图 4-50 习题 3-(3)

4. 倒角特征习题。

（1）使用 Creo 建立图 4-51 所示形状、尺寸的三维模型，并测出模型的体积（参考答案为 148753mm^3）。

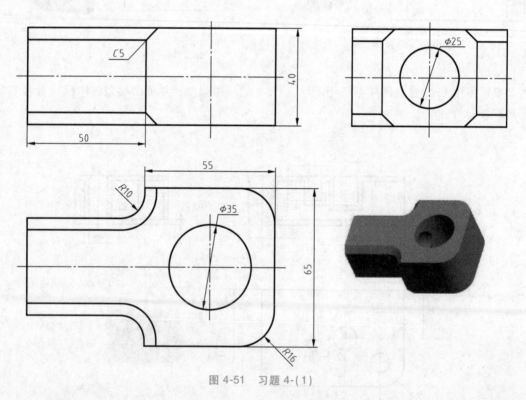

图 4-51 习题 4-(1)

（2）使用 Creo 建立图 4-52 所示形状、尺寸的三维模型，并测出模型的体积（参考答案为 16965.9mm^3）。

（3）使用 Creo 建立图 4-53 所示形状、尺寸的三维模型，并测出模型的体积（参考答案为 13407.3mm^3）。

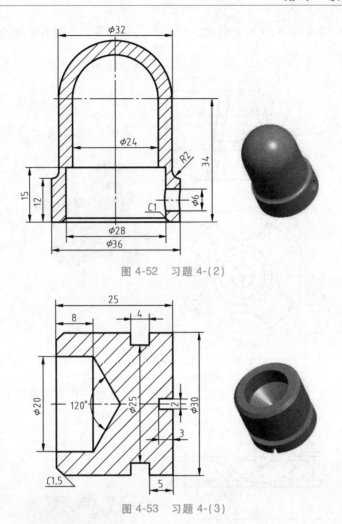

图 4-52　习题 4-(2)

图 4-53　习题 4-(3)

5. 拔模特征习题。

（1）使用 Creo 建立图 4-54 所示形状、尺寸的三维模型，并测出模型的体积（参考答案为 576623mm³）。

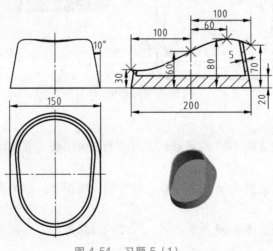

图 4-54　习题 5-(1)

（2）使用 Creo 建立图 4-55 所示形状、尺寸的三维模型，并测出模型的体积（参考答案为 139759mm³）。

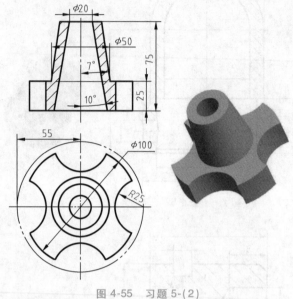

图 4-55 习题 5-（2）

（3）使用 Creo 建立图 4-56 所示形状、尺寸的三维模型，并测出模型的体积（参考答案为 630157mm³）。

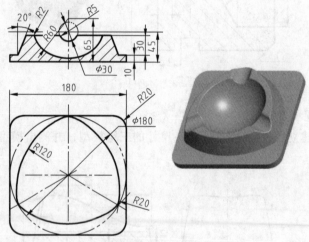

图 4-56 习题 5-（3）

6. 筋特征习题。

（1）使用 Creo 建立图 4-57 所示形状、尺寸的三维模型，并测出模型的体积（参考答案为 32831.3mm³）。

（2）使用 Creo 建立图 4-58 所示形状、尺寸的三维模型，并测出模型的体积（参考答案为 115754mm³）。

（3）使用 Creo 建立图 4-59 所示形状、尺寸的三维模型，并测出模型的体积（参考答案为 94916.8mm³）。

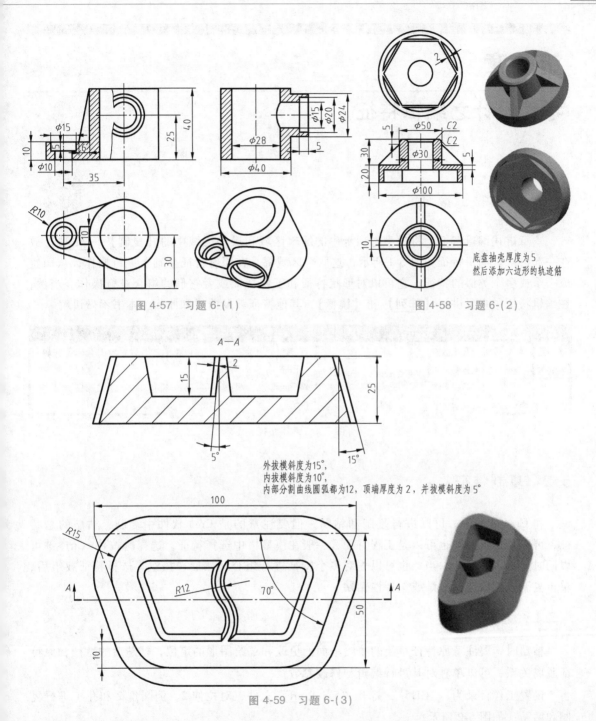

图 4-57 习题 6-(1)

图 4-58 习题 6-(2)

底盘抽壳厚度为5
然后添加六边形的轨迹筋

外拔模斜度为15°，
内拔模斜度为10°，
内部分割曲线圆弧都为12，顶端厚度为 2，并拔模斜度为5°

图 4-59 习题 6-(3)

第 5 章

零件设计之编辑特征

5.1　编辑特征概述

本章讲述编辑特征，将模型选项卡中的编辑区域和操作区域中的【复制】、【粘贴】放在一起讲解。编辑特征如图 5-1 所示，这两个区域都是在原有特征基础上进行操作，从而生成一个或多个类似的特征。它可以对形状特征和工程特征或者它们的组合进行操作。当然，在编辑特征中主要讲解【阵列】和【镜像】，其他特征涉及曲线和曲面，本书不做讲解。

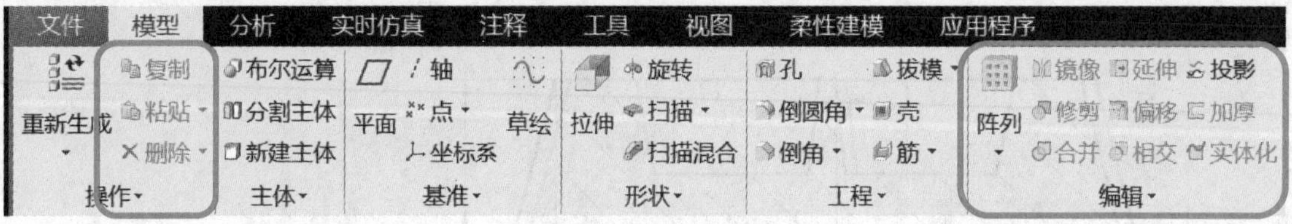

图 5-1　编辑特征

5.2　复制特征

在 Creo 软件中，可以进行复制和粘贴，但要注意的是 Creo 软件中复制、粘贴的是特征，可以是形状特征也可以是工程特征，一般在模型树中选择特征，选择时按住<Ctrl>键可以同时选择多个特征，当然也可以先对多个特征进行组合，然后选择组。选择特征或组后，单击复制，然后选择粘贴或选择性粘贴。

5.2.1　复制、粘贴特征

粘贴时，要注意原特征草绘的草绘平面的更改和草绘图形的定位，粘贴后的特征和原特征脱离关系，可以单独对其进行编辑和修改参数。

设置工作目录为："CH5"，打开 "5-2-1. prt" 文件，对拉伸 2、倒圆角 2 和孔 1 进行复制和粘贴，如图 5-2 所示。

5.2.2　复制、选择性粘贴特征

采用选择性粘贴后，会弹出如图 5-3 所示的选择性粘贴对话框，有三个选项。

（1）【从属副本】【完全从属】基本没什么意义，在这里一般选择【部分从属】，这样生成的副本特征和原特征有父子关系，这一点也可以从模型树中看出，改

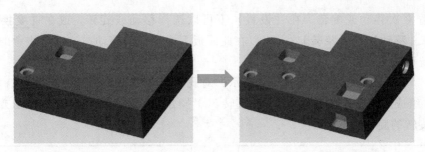

图 5-2 复制、粘贴特征

变父本特征的参数则副本特征的参数同样会发生改变，但反之不会。【从属副本】一般只对一个工程特征操作，如对孔特征、倒圆角特征等。

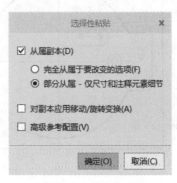

图 5-3 选择性粘贴对话框

打开 "5-2-2. prt" 文件，对倒圆角 1 和孔 1 进行复制和选择性粘贴。创建倒圆角 1（2）、倒圆角 1（3）、孔 1（2）、孔 1（3），在创建倒圆角 1（3）时修改圆角尺寸为 10，在创建孔 1（2）时修改孔径为 14，然后修改倒圆角 1 尺寸为圆角 30 和孔 1 的沉孔直径为 30，孔径为 10，体会创建的特征尺寸的变化，如图 5-4 所示。

（2）【对副本应用移动/旋转变换】 对副本应用移动/旋转变换如图 5-5 所示，选择此项目则可以对选中的特征沿某一方向进行移动或绕某一轴进行旋转，

图 5-4 复制、选择性粘贴特征

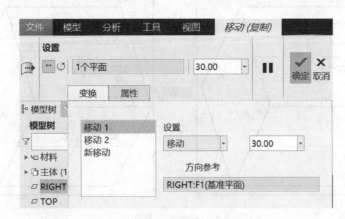

图 5-5 对副本应用移动/旋转变换

并可以设置多次移动或旋转。在【设置】下可以选择移动或旋转，或在【变换】面板中【设置】为【移动】或【旋转】，并可以在此面板下添加新的移动。这里要注意的是移动和旋转广义统称为移动。

打开 "5-2-3.prt" 文件，如图 5-6 所示，对孔进行移动 30、旋转 60°操作，对拉伸 3、孔 2、孔 3 组成的特征组进行移动 150、旋转 300°操作，注意在操作时选择移动方向的参照面或线和旋转的旋转轴等。

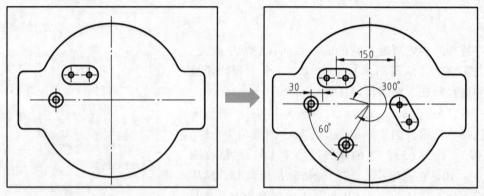

图 5-6　移动选择特征

（3）【高级参考配置】　如图 5-7 所示，高级参照配置主要针对形状特征的复制粘贴。也就是如何对形状特征的原特征草绘平面进行更改和对草绘图形进行定位。这里关键是原始特征的参考和已粘贴特征的参考的一一对应，如需要更换则可以选择更换的参考平面。

打开 "5-2-4.prt" 文件，如图 5-8 所示，对两个特征进行草绘平面的更换，以及草绘图形定位参考面的更换。

图 5-7　高级参考配置

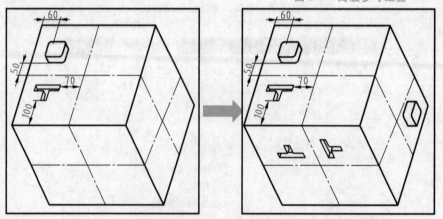

图 5-8　高级参考配置实例

5.2.3 复制、粘贴实例

图 5-9 所示为复制、粘贴实例。首先绘制好一半的图形，然后通过组合特征，对其进行复制、选择性粘贴中的对副本进行移动选项完成实例，具体操作详见视频。

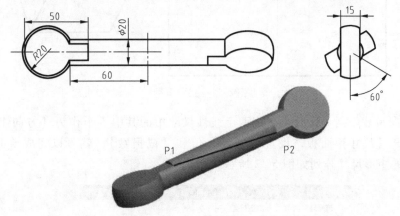

图 5-9 复制、粘贴实例

5.3 阵列特征

Creo 软件中阵列特征的内容很多，有阵列、几何阵列、阵列表三种，阵列也是特征的阵列，本书只介绍【阵列】，模型树中选中特征后单击阵列，如图 5-10 所示，**【选择阵列类型】**中有很多种，如**【尺寸阵列】**、**【轴阵列】**、**【方向阵列】**、**【填充阵列】**、**【表阵列】**、**【参考阵列】**、**【曲线阵列】**、**【点阵列】**等，这里对阵列类型作详细讲解。

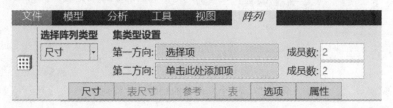

图 5-10 阵列特征

5.3.1 尺寸阵列

尺寸阵列中要注意阵列特征的定位尺寸，如图 5-11 所示。如果定位尺寸为线性尺寸，如图 5-11 中的尺寸 80 和 30，则尺寸阵列为矩形阵列；如果定位尺寸为极坐标尺寸，如图 5-11 中的尺寸 100 和 30°，则尺寸阵列为环形阵列。

1. 矩形阵列

当形状特征的定位尺寸为线性尺寸时，尺寸阵列为矩形阵列。矩形阵列也有多种形式，将其分为单向尺寸阵列、单向多尺寸阵列、双向尺寸阵列、双向多尺寸阵列。

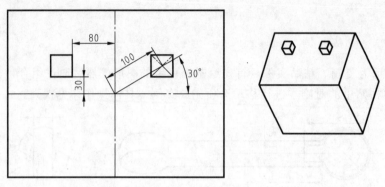

图 5-11　尺寸阵列

（1）单向尺寸阵列　这时可以用两个线性尺寸中的其中一个作为【方向1】上的选择项，同时展开【尺寸】面板，设置【增量】值和【成员数】，就可以完成单向尺寸阵列。一个方向上的矩形尺寸阵列如图 5-12 所示。

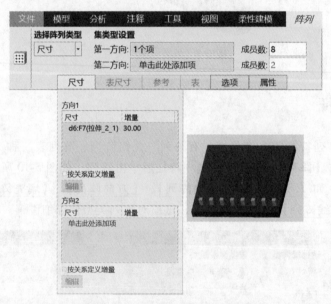

图 5-12　一个方向上的矩形尺寸阵列

打开"5 3-1. prt"文件，对拉伸 2 形状特征进行阵列编辑特征，选中它的一个定位尺寸 20 作为【方向1】上的选项，并将【增量】值设为 30，【成员数】设置为 8。

（2）单向多尺寸阵列　在【方向1】上用多个尺寸来联合控制方向，称为单向多尺寸阵列，也可以用非定位尺寸如拉伸的深度尺寸、草图大小尺寸等来控制阵列特征的高度和大小，体会用<Ctrl>键逐个增加尺寸阵列发生的变化，单向多尺寸阵列如图 5-13 所示。

（3）双向尺寸阵列　在矩形阵列中，可以设置两个方向并分别用两个定位尺寸来控制其增量，这称为双向尺寸阵列，如图 5-14 所示，这里要求【方向1】和【方向2】上要分别设置一个定位尺寸，并设置其【增量】值和【成员数】。

（4）双向多尺寸阵列　在每个方向上用多个尺寸来控制，称为双向多尺寸阵列，如在图 5-14 的基础上用定位尺寸 20 和拉伸深度尺寸作为【方向1】尺寸选项，用定位尺寸 25

 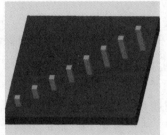 

图 5-13　单向多尺寸阵列

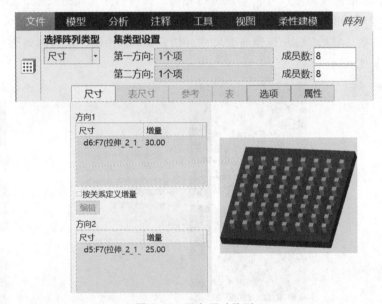

图 5-14　双向尺寸阵列

和草绘大小尺寸作为【方向2】尺寸选项，得到如图 5-15 所示的双向多尺寸阵列。

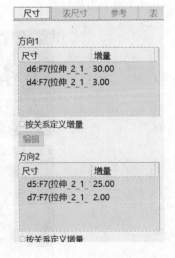 

图 5-15　双向多尺寸阵列

2. 环形阵列

当形状特征的定位尺寸为极坐标尺寸时，尺寸阵列为环形阵列。环形阵列中，一般将角度定义为方向1，半径或直径定义为方向2，同样也可以将特征的其他尺寸放入方向1或方向2上，实现同时控制阵列特征。但要注意的是环形阵列中角度尺寸的参考线一般要是线段，而不能用两边无限延长的线，否则容易出现错误。

打开"5-3-2.prt"文件，对拉伸2形状特征进行阵列编辑特征，选择角度20°尺寸为第一方向尺寸，增量值设置为30°，成员数为12，此时发现生成的阵列只有半圆，原因就是角度的参考线为中心线，这时先删除阵列，进入拉伸2的截面1编辑，删除中心线，添加线条并改为构造线，依旧标注角度尺寸，重新进行阵列，则可以达到预想效果，如图5-16所示。

设置【方向1】用角度尺寸（增量30°，成员数30），分别加上直径尺寸（增量15）、拉伸圆的直径尺寸（增量2）和拉伸高度尺寸（增量5）来控制，则得到如图5-17所示的单向多尺寸环形阵列。

图 5-16　环形尺寸

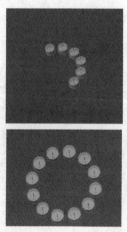
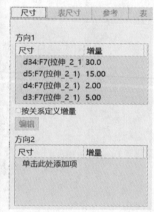
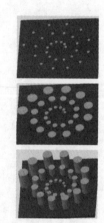

图 5-17　单向多尺寸环形阵列

设置方向1用角度尺寸（增量30°，成员数12），方向2为直径尺寸（增量50，成员数5），另外可以在方向2加上拉伸圆的直径尺寸（增量5）和拉伸高度尺寸（增量5）来控制，则得到如图5-18所示的双向多尺寸环形阵列。

环形阵列也可以在圆柱面上进行，但要注意环形阵列一定要有角度尺寸，故需要给圆柱面上的特征定位尺寸一个角度定位尺寸。

打开"5-3-3.prt"文件，孔2工程特征在圆柱面上定位，特意采用角度尺寸和高度尺寸来定位孔在圆柱面上的位置。设置角度尺寸为方向1（增量30°，成员数12），高度尺寸为方向2

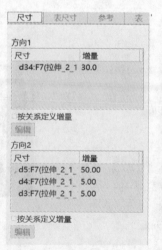

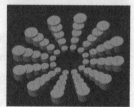

图 5-18　双向多尺寸环形阵列

（增量 50，成员数 10），则生成如图 5-19 所示的圆柱面上的环形阵列。

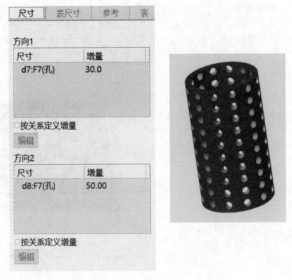

图 5-19　圆柱面上的环形阵列

如在第二方向上添加角度尺寸（增量 15°），则生成如图 5-20 所示的圆柱面上的多尺寸环形阵列。

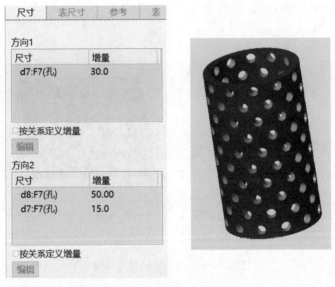

图 5-20　圆柱面上的多尺寸环形阵列

5.3.2　方向阵列

方向阵列可以灵活地创建矩形阵列，而且对原始特征的定位尺寸没有限制，方向阵列可以选择边或平面来指定方向。打开"5-3-4. prt"文件，对拉伸 2 进行方向阵列，在【集类型设置】中选择边为【第一方向】，选择平面为【第二方向】，同时设置【成员数】和【间距】，得到如图 5-21 所示的方向阵列。这里在【方向 1】和【方向 2】上可以不加入尺寸。

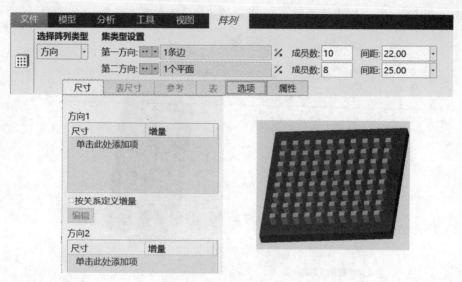

图 5-21　方向阵列

　　在方向特征中，也可以添加尺寸来控制阵列特征，如在上面文件中，展开【尺寸】面板，在【方向1】上添加高度尺寸（增量为2），在【方向2】上增加草绘图形尺寸（增量为1），方向尺寸的尺寸控制如图 5-22 所示。

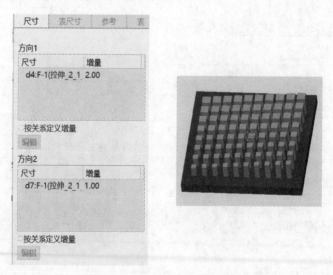

图 5-22　方向尺寸的尺寸控制

　　在方向特征中，方向也是广义的方向，它也可以实现环形阵列和坐标阵列，展开在【集类型设置】中的实心倒黑三角形，可以对方向特征进行三种类型的设置：平移、旋转和坐标系。

　　重新打开"5-3-4. prt"文件，对拉伸2进行方向阵列，在【集类型设置】中选择边为【第一方向】，同时让它也为【第二方向】的选择项，同时设置【成员数】和【间距】，改变第二方向上平移为旋转，则得到如图 5-23 所示的方向阵列中旋转设置。

　　如将平移改为坐标系，则要求选择坐标系，同时设置 XYZ 三个方向的距离来进行阵列。

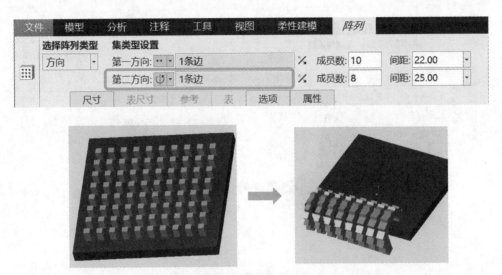

图 5-23　方向阵列中旋转设置

重新打开"5-3-4. prt"文件，对拉伸 2 进行方向阵列，在【集类型设置】中选择坐标系，选中模型默认坐标系后，设置 XYZ 的【间距】，就得到如图 5-24 所示的方向阵列中坐标系设置。

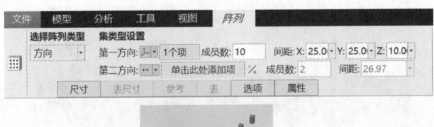

图 5-24　方向阵列中坐标系设置

在方向阵列中，当将同一条边作为第一方向和第二方向时（方向相反），虽能生成特征，但模型树中会有一些错误，展开阵列模型树后会发现多出很多特征，针对这一点，需要在方向特征中将不对的特征排除在外。

打开"5-3-5. prt"文件，对轮廓筋进行方向阵列，如图 5-25 所示，具体操作详见视频。

5.3.3　轴阵列

轴阵列可以灵活地创建环形阵列，而对原始特征没有限制，但要注意轴阵列必须选择轴或坐标轴，如图 5-26 所示。

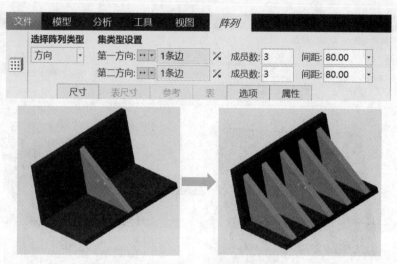

图 5-25　方向特征中特征的排除

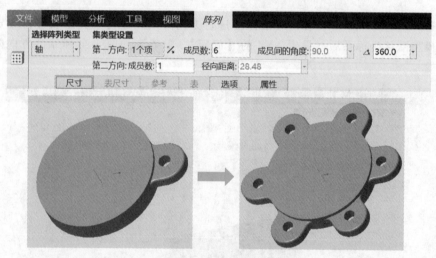

图 5-26　轴阵列

打开"5-3-6. prt"文件，对拉伸 1 后面的特征成组后进行阵列，选择轴阵列后，**【第一方向】**上的选择项选择轴或者选择 Z 轴，设置如图 5-26 所示的参数。

轴阵列也可以设置第二方向，第二方向指的是径向距离，并可以在**【方向 1】**上和**【方向 2】**上分别添加其他尺寸来控制轴阵列。

打开"5-3-2. prt"文件，对拉伸 2 进行轴阵列，设置如图 5-27 所示的轴阵列中方向尺寸定义参数，具体操作详见视频。

5.3.4　参考阵列

参考阵列是在已有阵列特征的基础上再添加一个特征的操作，该添加特征自动会出现在参考特征上。打开"5-3-6. prt"文件，对拉伸 1 后面的特征成组进行轴阵列后，在任何一个阵列特征上添加一个同轴孔特征（直径 45，深度 10），对该孔特征进行阵列特征默认就是**【参考】**阵列，如图 5-28 所示。

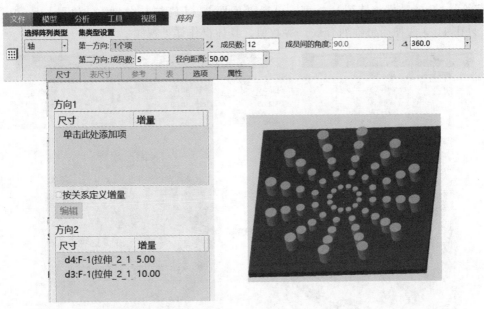

图 5-27　轴阵列中方向尺寸定义

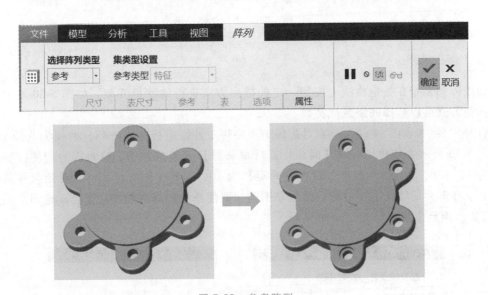

图 5-28　参考阵列

5.3.5　填充阵列

填充阵列是指在指定草绘图形范围内按照一定的排列方式进行特征的阵列，如图 5-29 所示。这里【栅格阵列】的形式有 6 种，一般当草绘是圆形时选择 4、5 两种（以同心圆阵列分隔各成员或以螺旋线阵列分隔各成员），当草绘是类似矩形时选择 1、2、3 三种（以方形阵列分隔各成员、以菱形阵列分隔各成员、以六边形阵列分隔各成员），而第 6 种一般不用。另外要注意的是草绘图形要放在需要阵列的特征前。

打开"5-3-7. prt"文件，对孔 1 进行阵列，则默认就是【填充】阵列，选择草绘 1 作为其【草绘】,选择【栅格阵列】类型,设置【间距】、【旋转】角度、【边界】距离、【半径】(只在4、5两种栅格阵列有效)等数值,具体操作详见视频。

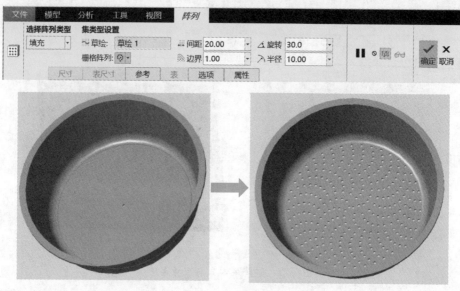

图 5-29　填充阵列

5.3.6　曲线阵列

曲线阵列是指在指定曲线上按照一定的排列方式进行的特征阵列,如图 5-30 所示。这里的排列方式可以选择间距或成员数。

打开"5-3-8. prt"文件,分别对旋转 1 和旋转 2 特征进行曲线阵列,曲线为草绘 1,设置如图 5-30 所示的参数,可知【间距】或【成员数】只能选其一,这里因为旋转特征的圆直径为 10,为了使其排列整齐,设置【间距】为 10,即等于圆直径。可以看到两种曲线阵列的起点在阵列的特征上,故建议绘制草图前需要使草绘和阵列的特征重合,也即采用旋转 2 的形式。最后生成图形如图 5-30 所示。

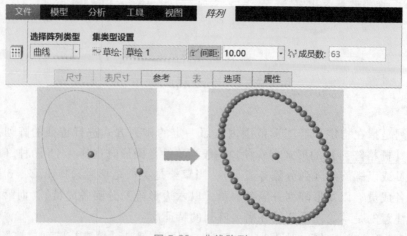

图 5-30　曲线阵列

5.3.7　阵列综合实例

绘制如图 5-31 所示的陈列综合实例 1，首先绘制中间柱子和一节台阶，注意在绘制台阶时必须要有高度定位尺寸和角度旋转尺寸，然后通过陈列完成实例，具体操作详见视频。

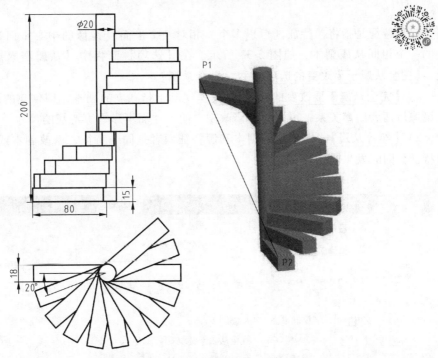

图 5-31　阵列综合实例 1

绘制如图 5-32 所示的陈列综合实例 2，首先绘制基本轮廓以及侧边的槽和底部的孔，注

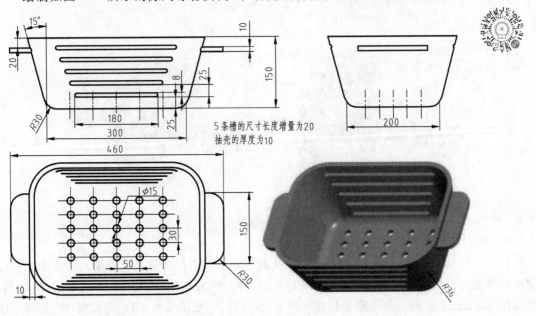

5 条槽的尺寸长度增量为20
抽壳的厚度为10

图 5-32　阵列综合实例 2

意在绘制槽时必须要有高度定位尺寸和长度尺寸，第一个孔建议绘制在中间，然后通过陈列完成实例，具体操作见视频。

5.4 镜像特征

镜像特征是指将源特征（可以多个）相对一个平面（镜像的中心平面）进行镜像所得到的一个相同从属副本，如图 5-33 所示。在【选项】面板中【从属副本】可以有两个选项，【完全从属于要改变的选项】和【部分从属】。

1)【完全从属于要改变的选项】。这里实际上指独立的副本，即创建的副本和源特征一旦镜像后两者脱离关系，可以单独修改副本的尺寸而不影响源特征的尺寸。

2)【部分从属】。即创建的副本和源特征两者是同一特征，修改副本或源特征的尺寸，两特征会同时发生改变。

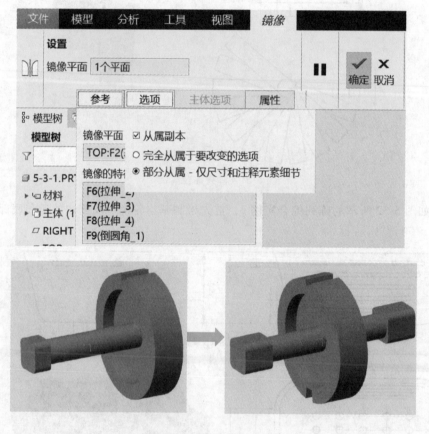

图 5-33　镜像特征

打开"5-4-1.prt"文件，对拉伸 2、3、4 和倒圆角 1 进行部分从属镜像，对拉伸 5 进行完全从属镜像，然后改变镜像后拉伸 3（2）的长度 200 为 150，改变拉伸 4 的长度 30 为 50，改变拉伸 6 的 90 为 85，改变镜像拉伸 6 的 85 为 70，改变拉伸 4（2）的长度 50 为 30，体会参数改变后各特征的变化。

习　　题

1. 复制粘贴习题。

（1）使用 Creo 建立图 5-34 所示形状、尺寸的三维模型，并测出模型的体积（参考答案为 9679.95mm³）。

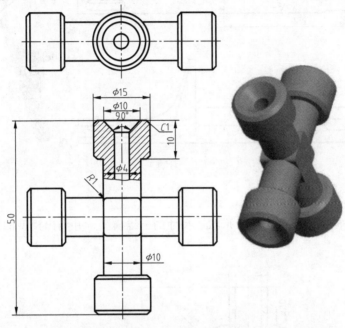

图 5-34　习题 1-(1)

（2）使用 Creo 建立图 5-35 所示形状、尺寸的三维模型，并测出模型的体积（参考答案为 521402mm³）。

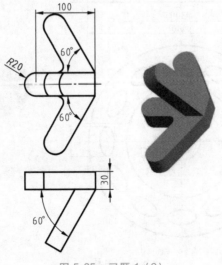

图 5-35　习题 1-(2)

（3）使用 Creo 建立图 5-36 所示形状、尺寸的三维模型，并测出模型的体积（参考答案为 1028890mm³）。

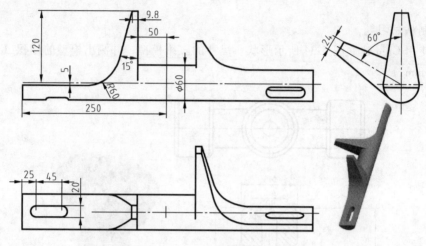

图 5-36　习题 1-（3）

2. 阵列习题。

（1）使用 Creo 建立图 5-37 所示形状、尺寸的三维模型，并测出模型的体积（参考答案为 5476870mm³）。

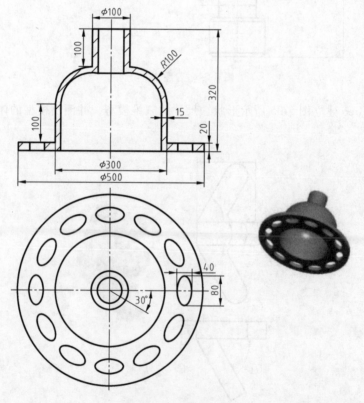

图 5-37　习题 2-（1）

（2）使用 Creo 建立图 5-38 所示形状、尺寸的三维模型，并测出模型的体积（参考答案为 269975mm³）。

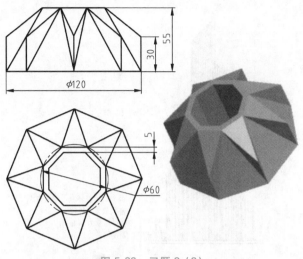

图 5-38 习题 2-（2）

（3）使用 Creo 建立图 5-39 所示形状、尺寸的三维模型，并测出模型的体积（参考答案为 402359mm³）。

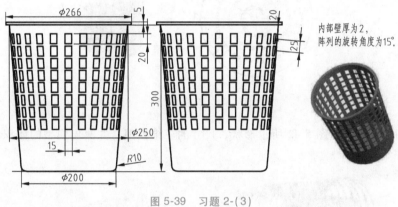

图 5-39 习题 2-（3）

（4）使用 Creo 建立图 5-40 所示形状、尺寸的三维模型，并测出模型的体积（参考答案为 3200391mm³）。

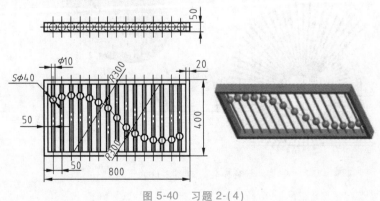

图 5-40 习题 2-（4）

（5）使用 Creo 建立图 5-41 所示形状、尺寸的三维模型，并测出模型的体积（参考答案为 5574556mm³）。

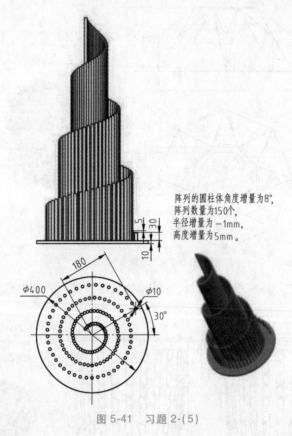

阵列的圆柱体角度增量为8°，
阵列数量为150个，
半径增量为−1mm，
高度增量为5mm。

图 5-41　习题 2-(5)

（6）使用 Creo 建立图 5-42 所示形状、尺寸的三维模型，并测出模型的体积（参考答案为 747723mm³）。

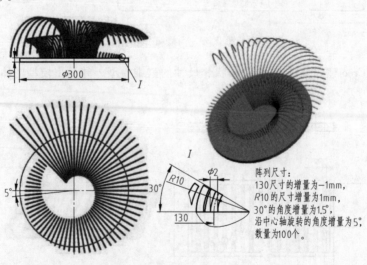

阵列尺寸：
130尺寸的增量为−1mm，
R10 的尺寸增量为1mm，
30°的角度增量为1.5°，
沿中心轴旋转的角度增量为5°，
数量为100个。

图 5-42　习题 2-(6)

第 6 章

装配设计

6.1 装配概述

前面的章节主要介绍了零件（在 Creo 软件中称为元件）的建模，而创建零件的目的就是将零件装配（组合）起来，形成一个具体的产品（Creo 软件中称为组件）后缀名为 asm。

装配的基本方法有两种：

（1）自底而上-装配元件　先设计零件，然后组装，适合比较成熟的产品。本章主要采用这种方法，也即零件组装产品。

（2）自顶而下-创建元件　先根据思路设计大概的设计方案和轮廓，然后采用堆积的方法一个个在装配图中设计生成零件，也即产品生成零件。

不管采用哪种方法，首先应该设置工作目录，保证所有的零件或组件在同一工作目录里。

组件进入方式是【新建】时选择【装配】下的【设计】，如图 6-1 所示的装配新建，同样要注意【默认模板】的选择，在第一章已经设置了系统配置文件，故这里默认模板就是公制模板，所以可以不用选择，直接采用【使用默认模板】，否则就需要取消勾选，选择公制模板，这样保证零件的单位和组件的单位一致。

设置工作目录为"CH6 \ 管钳"文件夹，打开"管钳.asm"文件，进入组件模块，和零件模块有很大的区别，如图 6-2 所示。

这里主要的部分是【元件】区域，即可以实现对元件的【组装】和【新建】，【组装】即第一种装配方式，【创建】即第二种装配方式，在实际操作中，可以两种方式混合使用来设计产品。在装配中，主要是将元件约束在组件中，即限制它的自由度。空间自由度有 6 个，那么元件的组装

图 6-1　装配新建

实际上就是如何通过约束来限制它的自由度，如果 6 个自由度都被约束，称为完全约束，如果 6 个自由度未被完全约束，称为不完全约束。在模型树中显示的主要是各元件，元件名称前如有一个小矩形，表明该元件有自由度，是不完全约束；如有两个交叉小矩形，表明组装的时候和关联的元件是完全约束的，但由于关联元件不完全约束，故此元件相对于整个组件

也是有自由度的。

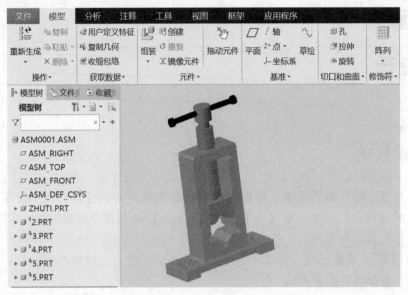

图 6-2　组件模块

要移动不完全约束的元件，同时按住<Ctrl+Alt>键用鼠标左键按住拖动即可移动或转动，或用【拖动元件】命令拖动要移动的元件。

同前面零件建模的操作方式一样，要编辑元件的约束，可以在模型树的元件名称上单击，弹出快捷菜单，选择【编辑定义】即可。

6.2　基本约束

在组件模块下，将元件一个个组装起来，单击组装按钮选择元件后出现如图 6-3 所示的【元件放置】操控板，在自动下拉菜单中有 11 种约束类型，但一般不用刻意选择，可让软件自动判断约束类型，也可以展开【放置】面板，设置【约束类型】、【选择元件项】和【选择装配项】，这里元件项指刚放置进来的元件上的点线面（点、线、面软件中统称为图元），装配项指已装配进来元件上或组件上的点线面。一般来讲，对第一个元件，选用固定

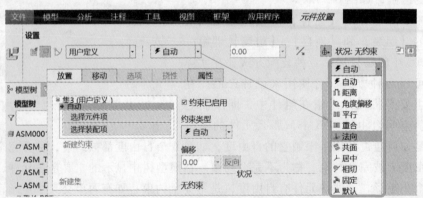

图 6-3　元件放置操控板

或默认约束类型，采用该类型则不需要选择【元件项】和【装配项】，并且【状况：完全约束】。

下面对约束类型作一一介绍。

1. 默认约束

首先设置工作目录为 CH6，新建组件，组装第一个元件"zu1. prt"，约束类型选择为默认，单击【确定】按钮完成。默认约束也称为缺省约束，如图 6-4 所示，即元件项的坐标系（原点）和装配项的坐标系（原点）重合，当组装第一个元件时，常对第一个元件采用默认约束。采用默认约束时元件【状况：完全约束】。

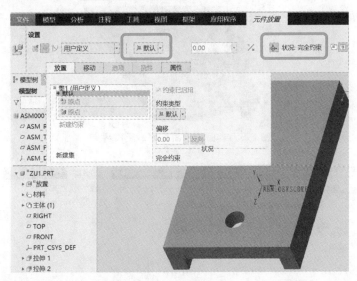

图 6-4　默认约束

2. 距离约束

距离约束是指对【选择元件项】和【选择装配项】两约束图元之间设置一定数值的距离，此约束图元可以是实体表面、边线、点、基准点、基准平面，基准轴等。所选约束图元可以不一致，如可以定义直线同平面之间的距离、两平面之间的距离、两直线之间距离、点到平面之间的距离等。

在上例的基础上组装第二个元件"zu2. prt"，约束类型选择距离，如图 6-5 所示，平面与平面之间的距离约束选择两平面。在这里要注意 3D 拖动器的使用，3D 拖动器可以控制空间的 6 个自由度，即 X、Y、Z 方向的移动和三个绕轴的转动，可以通过 3D 拖动器来调整元件的位置和方向。图 6-5 中，当定义了一个距离约束后，则限制了三个自由度（两个转动和一个移动自由度，在 3D 拖动器上相应的颜色呈灰色），这样就知道两平面约束限制了三个自由度。

修改【选择元件项】，单击该项目后右击移除，选择 zu2 上的一条线，注意这时可能无法选中边线，可以多次右击切换到边线，然后单击选中。线和平面之间的距离约束如图 6-6 所示，可以发现 3D 拖动器上限制了两个自由度（一个转动和一个移动自由度），这样就知道线与平面约束限制了两个自由度。同理可以切换成点，发现只限制了一个移动自由度。

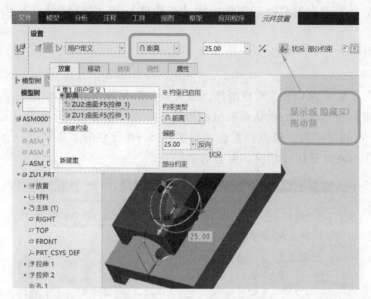

图 6-5　平面与平面之间的距离约束

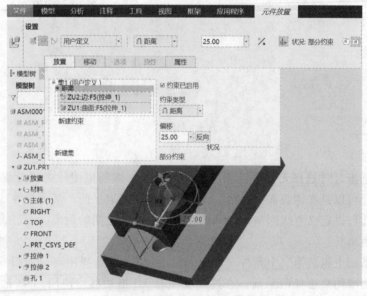

图 6-6　线和平面之间的距离约束

3. 角度偏移约束

角度偏移约束是指对【选择元件项】和【选择装配项】两约束图元之间设置一定数值的角度，此约束图元可以是实体表面、边线、基准平面，基准轴等，并且所选约束图元也可以不一致，如可以定义直线与平面之间的角度、两平面之间的角度、两直线之间角度等，角度偏移约束如图 6-7 所示。

图 6-7 中，可以将约束类型直接改为角度偏移，这样设置角度值就完成了角度偏移约束。

可以看出，角度偏移只限制了一个转动自由度，但一般角度偏移要与其他约束配合使

a) 两平面的角度偏移   b) 直线与平面的角度偏移

图 6-7 角度偏移约束

用，才能准确地定位角度。

4. 平行约束

可以把平行约束看成距离不定的距离约束，平行约束限制两个转动自由度，图 6-7 中都可以将角度偏移约束改为平行约束，同样道理平行约束也需要与其他约束配合使用，才能准确地定位。

5. 重合约束

重合约束是装配中应用最多的一种约束，重合约束是指【选择元件项】和【选择装配项】两约束图元重合，实际上即距离约束中距离为零，所以它有很多种类型，可以是面与面重合、线与线重合、线与点重合、面与点重合、线与面重合、点与点重合、坐标系重合等。图 6-7 中将约束改为重合约束则可以发现限制了三个自由度。

如图 6-8 所示，坐标系重合中，如不方便选择坐标系，可以在模型树中选择。若采用坐标系重合，则【元件状况：完全约束】。图 6-8 中的装配元件 ZU2，使其坐标系和 ZU1 坐标系重合。

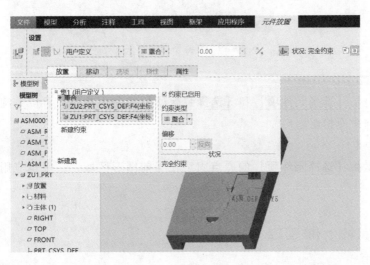

图 6-8 坐标系重合

6. 法向约束

法向约束是指【**选择元件项**】和【**选择装配项**】两约束图元垂直，和距离约束操作方式一样，只是距离约束两图元是平行的，法向约束两图元是垂直的。

7. 共面约束

共面约束是指【**选择元件项**】和【**选择装配项**】两约束图元位于同一平面，元件项图元只能是线或基准轴，而装配项图元可以是点、线或面，即可以约束两条直线共面、线与面共面等。选择边线可以采用右击切换的方式进行。

8. 居中约束

居中约束是指【**选择元件项**】和【**选择装配项**】两坐标原点重合，但各坐标轴可以不重合，或者也可以选择两圆柱面，则指两圆柱面的中心轴重合。

在如图 6-9 所示的坐标系居中约束操作中，坐标系建议在模型树中选择。另外当选择两坐标系后默认约束类型变成重合，将其重新改为居中，会发现居中约束限制了三个移动自由度。

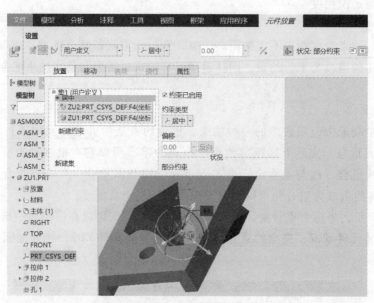

图 6-9　坐标系居中约束

9. 相切约束

相切约束是指【**选择元件项**】和【**选择装配项**】两曲面相切、可以是圆柱面与圆柱面相切、圆柱面与平面相切。

10. 固定约束

固定约束是指【**选择元件项**】的原点固定在当前图形区域，一般也应用在第一个元件中，但不常用。

6.3　装配设计一般过程

前一节讲述的是单个约束的操作与设置，但在元件组装中，一个约束无法组装完成，需要多个约束才能正确组装好元件。

下面通过两个例子讲解元件的组装。

1. 完成下列两种组装形式

两种组装形式如图 6-10 所示。

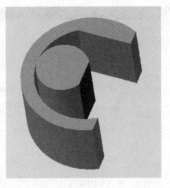

图 6-10 两种组装形式

首先设置工作目录为 CH6，新建组件，组装第一个元件"6-3-1-1. prt"文件，约束类型选择为默认，单击【确定】按钮完成。

1）第一种组装形式，如图 6-11 所示元件的放置形式。

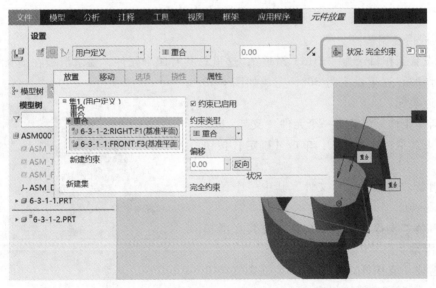

图 6-11 第一种元件放置形式

组装第二个元件"6-3-2. prt"文件，设置三个重合约束，设置时一般不用选择约束类型，软件会根据选择的约束图元自动判断约束类型。为了选择基准平面方便，建议将组件的三个基准平面隐藏，并在设置约束时，当第一个约束设置结束后，自动会进行【新建约束】，如没有，则需要单击【新建约束】，通过这三个重合约束使元件"6-3-1-2. prt"【状况：完全约束】。单击【确定】按钮后完成元件组装。

2）第二种组装形式，如图 6-12 所示元件的放置形式。

编辑定义第二个元件，在【放置】面板上，在【集（用户定义）】下的重合上右击——删除重合约束，重新定义约束类型，同样采用自动约束类型定义相切、重合、平行、重合四个约束类型，这四个约束类型使元件"6-3-1-2. prt"【状况：完全约束】。单击【确定】按钮后完成元件组装。

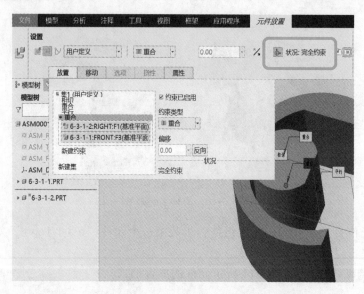

图 6-12　第二种元件放置形式

2. 完成滑道调节器

首先设置工作目录为"CH6 \ 滑道"，这里总共有四个元件，要求滑板在支架中的倾斜角度可以调整，这里设定为 30°，完成如图 6-13 所示的滑道装配。

1）新建组件，组装第一个元件"支架 . prt"文件，约束类型选择为默认，单击【确定】按钮完成。

2）组装"滑板 . prt"文件，其中一个约束为角度偏移 30°。

3）组装"支撑块 . prt"文件，使其在滑槽中能自由滑动。

4）组装"支撑杆 . prt"，使其底面和支架上表面重合，同时和支撑块相连接。

图 6-13　滑道装配

6.4　元件的复制

在同一装配体中，要组装若干个同样的元件，可以采用复制和粘贴，但前面零件设计中复制粘贴的是元件的特征，而在装配体中复制粘贴的是整个元件，零件设计中的复制粘贴修改的是元件特征的草绘面以及定位基准面，而在装配体中复制粘贴一般修改的是元件的约束所对应装配体上的约束图元。一般不建议采用选择性粘贴。下面以组装箱子为例说明元件的复制粘贴，如图 6-14 所示。

　　首先设置工作目录为"CH6\6-4"，这里总共有四个元件，要求组装侧面板、上面板和螺钉到壳体上，其中螺钉组装六颗，可以组装在一列中的任一个螺纹孔上。要求第二块侧面板和其余五个螺钉要采用复制粘贴的形式完成组装。

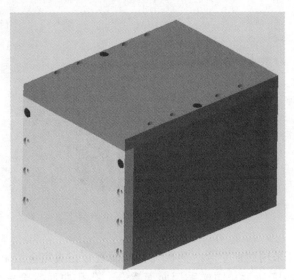

图 6-14　组装箱子

　　新建组件，组装第一个元件："壳体.prt"，约束类型选择为默认，单击【确定】按钮完成。

　　组装第二个元件："侧面板.prt"，如图 6-15 所示，侧面板的组装采用面面重合、两次孔孔曲面重合完成完全约束。

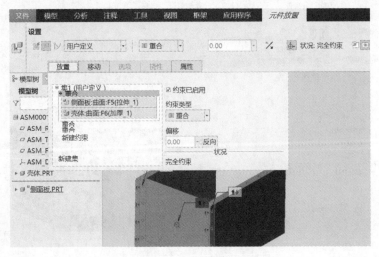

图 6-15　侧面板的组装

　　用复制的方法组装第二块侧面板，如图 6-16 所示，模型树中选中侧面板后【复制】、【粘贴】，然后选择另一面的侧面以及分别对应的两孔曲面，注意约束图元一定要按照原来约束的顺序来选择，同时侧面需要反向，即可完成第二块侧面板的组装。

图 6-16　第二块侧面板组装

组装上面板，同样采用面面重合、两次孔孔曲面重合完成完全约束组装。

组装螺钉，如图 6-17 所示，同样采用面面重合、孔孔曲面重合完成部分约束，也可以使其【允许假设】，这样可以实现完全约束。

图 6-17　螺钉的组装

组装其余螺钉，模型树中选中螺钉后【复制】、【粘贴】，然后选择要粘贴孔的曲面和孔上的沉孔面，这一步两个要素的选择顺序要与前一步组装螺钉约束的先后顺序一致，按照这样的方法粘贴五次，完成另外五个螺钉的组装，具体操作详见视频。

6.5 元件的阵列

在装配体中，有时有很多相同的元件，并且按阵列方式进行排列，这时可以对元件进行阵列，元件阵列的类型有参考阵列和尺寸阵列。

6.5.1 参考阵列

参考阵列主要用于有阵列特征的组件，组装元件时，一旦元件的约束图元是阵列特征上的点线面，则阵列时自动出现【参考】阵列，完成其他相应元件的组装。

设置工作目录为"CH6\6-5-1"，打开"6-5-1.asm"文件，螺钉的阵列如图 6-18 所示，分别选择已经组装的螺钉，按阵列命令，即弹出阵列面板，默认就是【参考】阵列，直接单击【确定】按钮即完成阵列。

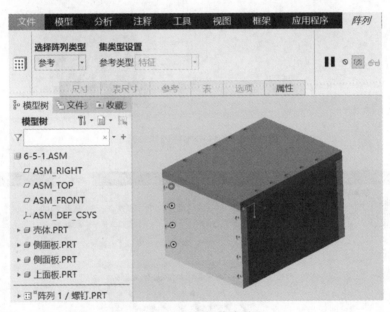

图 6-18　螺钉的阵列

6.5.2 尺寸阵列

尺寸阵列主要是当元件在组件中有多个且按一定的阵列方式放置时采用，而这种阵列方式在组件中没有元件可以参照，此时就要使用类似零件设计中的阵列特征的方法来阵列元件。

设置工作目录为"CH6\6-5-2"，首先组装好箱子和第一个圆柱（这里圆柱的直径为50，故在圆柱装配时我们设置圆柱两个距离为 25 的约束），然后在模型树中选中圆柱进行阵列命令，设置如图 6-19 所示的参数，完成尺寸阵列，当然这里也可以采用方向阵列达到同样效果。

另外，也可以对阵列特征进行再次阵列，并采用【方向】阵列实现圆柱的多层叠放，阵列特征的方向阵列如图 6-20 所示。

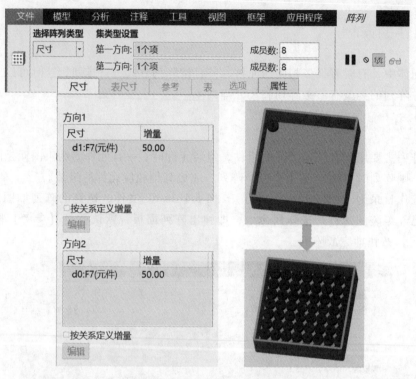

图 6-19　组件中元件的尺寸阵列

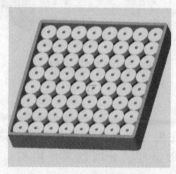

图 6-20　阵列特征的方向阵列

6.6　编辑元件

完成一个装配体后，可以对该装配体中的任何元件进行以下操作：元件的打开与删除、元件尺寸的修改、元件装配约束的修改或重定义等。这些操作命令一般在模型树中进行。对元件里的特征修改，可以打开元件后修改，也可以在组件模式下直接修改。

下面讲解在组件模式下修改元件特征，设置工作目录为"CH6\6-6"，打开"6-6.asm"，编辑元件如图 6-21 所示，首先单击设置图标，展开下拉菜单，选择【树过滤器（F）】，弹出模型树对话框，注意必须勾选【特征】，才能保证在模型树中出现元件下的各种特征，进而像操作零件一样在特征上单击来进行编辑定义或编辑尺寸等。

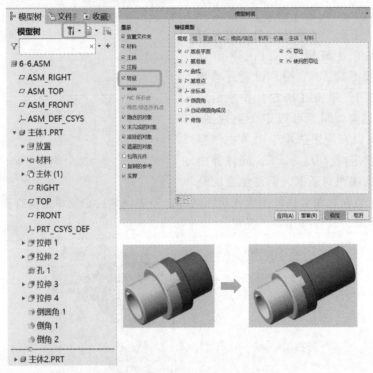

图 6-21　编辑元件

单击主体 1 下的拉伸 2，弹出快捷菜单，选择编辑尺寸图标，修改 100 长度尺寸为 200，然后单击操作区里的重新生成，即完成操作。

若需要在组件模式下对元件添加特征，则应在模型树中单击该元件，在弹出的快捷菜单中选择激活图标，然后才可以在组件模式下进行零件特征的创建，返回需要激活组件，具体操作详见视频。

6.7 视图管理器

6.7.1 定向视图

不管是零件设计还是装配设计，还有后面章节将要介绍的工程图样设计，有时需要将图形转到合适的视角，方便观察图形，同时也需要对该视角以视图的形式保存起来，这就是定向视图。

设置工作目录为"CH6\ 齿轮油泵"，打开"齿轮油泵.asm"文件，在模型功能卡下的模型显示区下单击管理视图，弹出如图 6-22 所示的视图管理器。在该对话框中有【简化表

示】、【样式】、【截面】、【层】、【分解】、
【定向】、【外观】、【全部】等卡片，本书中
需要读者掌握的是【截面】、【分解】和【定
向】三张卡片里的内容，这里先介绍【定
向】卡片。

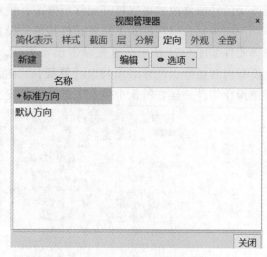

图 6-22　视图管理器

在定向界面上，单击【新建】，命名一
个名称定义为"正面"的视图，然后对其进
行【编辑】下的【编辑定义】，弹出如
图 6-23 所示的视图对话框，分别设置【参考
一】和【参考二】，单击【确定】按钮后完
成正面视图的定向。同理可以定义上视图、
下视图等。也可以在视图选项卡中单击已保
存方向下的"重定向（O）..."，同样弹出
如图 6-23 所示的视图对话框，但要注意的是
采用这种方式时要在视图名称框中输入视图名称，完成设置后必须单击保存图标，该视图定
向才会被保存下来，具体操作详见视频。

图 6-23　视图对话框

6.7.2　截面视图

在零件设计和装配设计中，有时需要看内部的
结构，这时可以采用截面功能来达到此目的，即剖
面视图。

设置工作目录为"CH6 \ 齿轮油泵"，打开
"齿轮油泵 .asm"文件，在模型选项卡的模型显示
区域下单击管理视图，弹出视图管理器对话框，并
切换到截面卡片下，如图 6-24 所示。

在【新建】下，有六种方式来创建截面，同样
在模型选项卡下的截面下拉也可以直接选择六种方
式中的一种，直接进入如图 6-24 所示的选项卡，

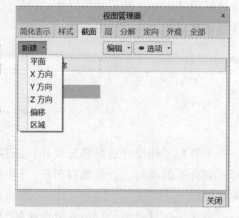

图 6-24　截面卡片

采用这种方式可以在属性里面修改截面的名称。

1. 平面

选择平面方式后，输入截面名称后按<Enter>键，进入图 6-25 所示的截面控制板，关键是选择一个截面平面（【参考】里的选项，这里选择了"chilunzhou.PRT"的 RIGHT 面），对于【模型】选项，只有组件文件有这一选项，零件设计文件中无，一般选择【排除选定项】，然后选择要排除的元件，这样这些元件不参与截面的剖切。

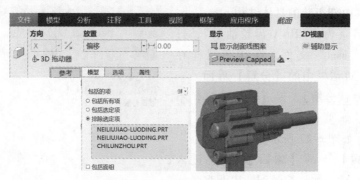

图 6-25　截面控制板

2. X/Y/Z 方向

X 方向即以原点坐标的 YZ 平面作为剖切的截面；Y 方向即以原点坐标的 XZ 平面作为剖切的截面；Z 方向即以原点坐标的 XY 平面作为剖切的截面。

其他的操作方式同平面一样。

3. 偏移

剖切的截面不是平面，而是由采用草绘形式绘制的多段线段组成，这样就可以实现制图上的阶梯剖或旋转剖等。

设置工作目录为"CH6\6-7"，新建装配，完成零件的组装，然后在视图管理器中的截面选项卡中新建-偏移，命名截面名称，绘制草图，偏移截面如图 6-26 所示，则完成最后的截面剖切。

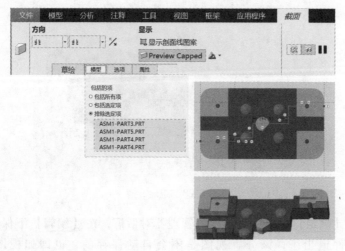

图 6-26　偏移截面

注意【方向】上一般采用默认，即两边打通，这样截面只要垂直于该草绘平面的任何平面即可。

6.8 装配图的爆炸图

组件装配完成后，有时需要展示它的装配过程，这就需要对组装图按装配的先后顺序进行爆炸，展示其内部组装的具体结构。

设置工作目录为"CH6 \ 齿轮油泵"，打开"齿轮油泵 .asm" 文件，爆炸图同样在【视图管理器】对话框中的【分解】界面，一般爆炸图有【默认分解】，但【默认分解】不符合我们的爆炸要求，故需要【新建】-【My】爆炸图，如图 6-27 所示。

单击【编辑】下的【编辑位置】，进入图 6-28 所示的组件分解，按装配顺序调整各元件的位置，如需要多个元件同步调整，则按住<Ctrl>键一起选中，然后采用坐标移动柄移动到合适位置，如发现位置不对或操作错误则可以通过【切换选择元件的分解状态】图标回到初始状态。在默认情况下是移动，但修改【设置】下图标也可以实现对元件的转动。

图 6-27　视图管理器

图 6-28　组件分解

调整好单击【确定】按钮，回到视图管理器对话框，在【编辑】下保存即可，注意必须保存，否则文件退出了，该分解视图是不会自动保存的，也即如视图管理器中出现"（+）"，即对爆炸图进行了修改，如需要将修改的结果保存下来，则必须单击保存。

如需取消分解，则在【模型】选项下的【视图显示】区域中使【分解视图】无效即可。

6.9 偏移线的创建

有时为了更加清晰地展示元件之间的装配关系，元件之间可以用偏移中心线连起来，偏移线创建如图 6-29 所示。

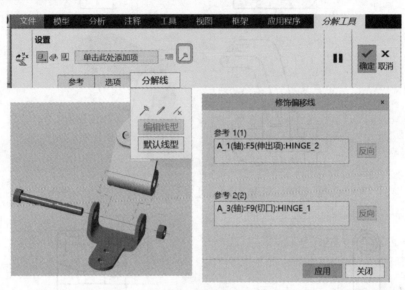

图 6-29 偏移线创建

设置工作目录为"CH6\6-9"，新建组件，先组装四个元件，然后进入分解界面进行分解。

单击【创建修饰偏移线】图标，让轴显示，分别选中 HINGE_1 和 HINGE_2 的轴，完成修饰偏移线的创建，然后在模型树中选择该偏移线，单击编辑选定的偏移线图标，对其进行编辑，注意右击【添加角拐】两个，并调整位置。

  习 题

1. 完成装配图，要求先绘制零件，然后组装起来，并完成以下三小题。

（1）装配完成后测出图 6-30 中绿色线所示两点之间的距离（参考答案为 160.791mm）；求出组件的重心坐标（x，y，z）（保留两位小数）（参考答案：$x = 41.79$，$y = 28.86$，$z = 77.5$）。注意原点坐标为图 6-30 所示 ACS0，所有零件材料为同一材料。

（2）绘制图 6-31 所示的零件 1，并得出模型的体积（参考答案为 73359.3mm³）。

（3）绘制图 6-32 所示的零件 2，并得出模型的体积（参考答案为 2324.78mm³）。

2. 完成装配图，要求先绘制零件，然后组装起来，并完成以下四小题。

（1）装配完成后测出图 6-33 所示 P_1、P_2 两点之间的距离（参考答案为 192.232mm）。

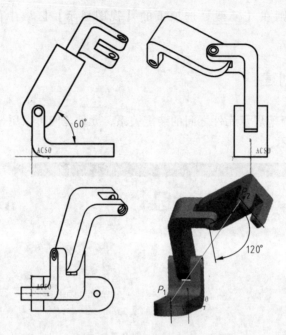

图 6-30　习题 1-(1)

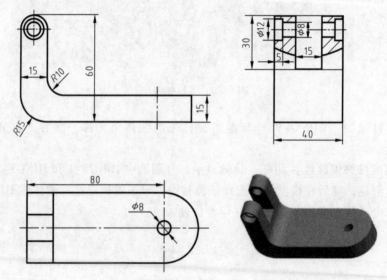

图 6-31　习题 1-(2)

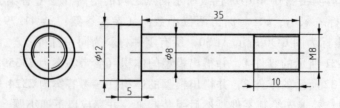

图 6-32　习题 1-(3)

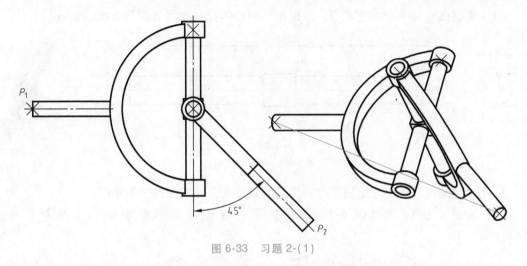

图 6-33 习题 2-(1)

（2）绘制图 6-34 所示的零件 1，并得出模型的体积（参考答案为 17353.8mm³）。

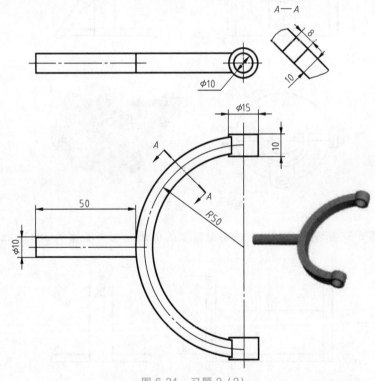

图 6-34 习题 2-(2)

（3）绘制图 6-35 所示的零件 2，并得出模型的体积（参考答案为 8639.38mm³）。

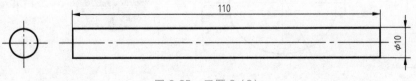

图 6-35 习题 2-(3)

（4）绘制图 6-36 所示的零件 3，并得出模型的体积（参考答案为 8482.42mm³）。

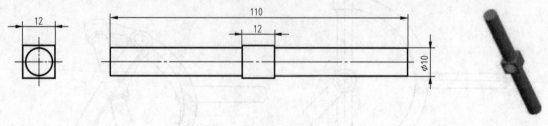

图 6-36　习题 2-(4)

3. 完成装配图，要求先绘制零件，然后组装起来，并完成以下四小题。

（1）装配完成后求出图 6-37 所示零件 1 与零件 2 的干涉体积（参考答案为 2057.19mm³）。

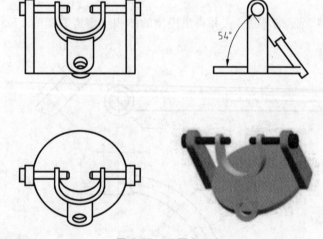

图 6-37　习题 3-(1)

（2）绘制图 6-38 所示的零件 1，并得出模型的体积（参考答案为 388350mm³）。

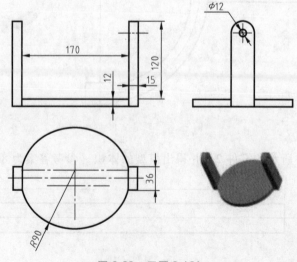

图 6-38　习题 3-(2)

（3）绘制图 6-39 所示的零件 2，并得出模型的体积（参考答案为 79316.3mm³）。

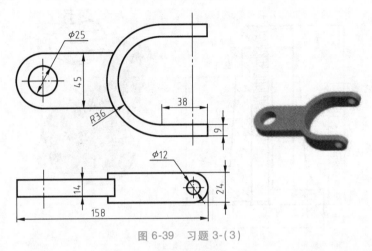

图 6-39 习题 3-(3)

（4）绘制图 6-40 所示的零件 3，并得出模型的体积（参考答案为 13889.5mm³）。

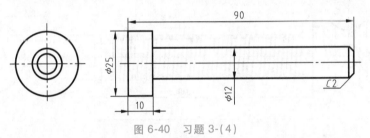

图 6-40 习题 3-(4)

4. 完成装配图，要求先绘制零件，然后组装起来，并完成以下六小题。

（1）装配完成后求出图 6-41 所示组件的总高度（参考答案为 198mm）。

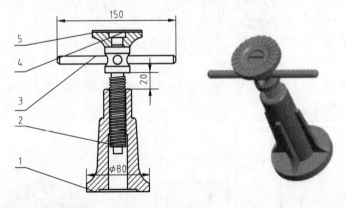

图 6-41 习题 4-(1)

1—底座 2—起重螺钉 3—旋转杆 4—螺钉 5—顶盖

（2）绘制图 6-42 所示的零件 1，并得出模型的体积（参考答案为 135140mm³）。

（3）绘制图 6-43 所示的零件 2，并得出模型的体积（参考答案为 44050.6mm³）。

（4）绘制图 6-44 所示的零件 3，并得出模型的体积（参考答案为 11672.1mm³）。

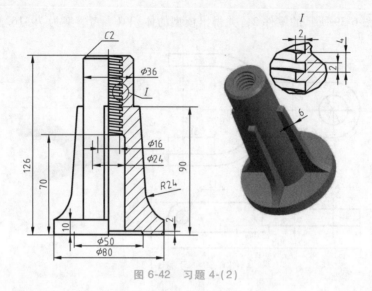

图 6-42 习题 4-(2)

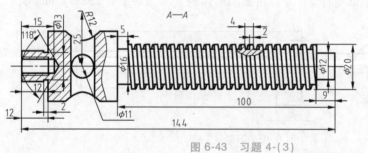
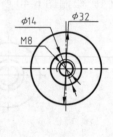

图 6-43 习题 4-(3)

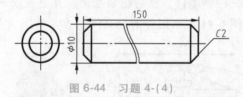

图 6-44 习题 4-(4)

（5）绘制图 6-45 所示的零件 4，并得出模型的体积（参考答案为 1869.88mm^3），注意这里螺钉采用修饰螺纹。

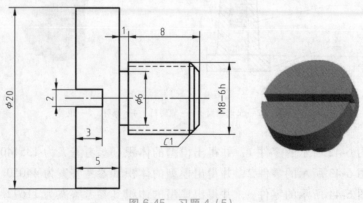

图 6-45 习题 4-(5)

（6）绘制图 6-46 所示的零件 5，并得出模型的体积（参考答案为 34830.6mm^3）。

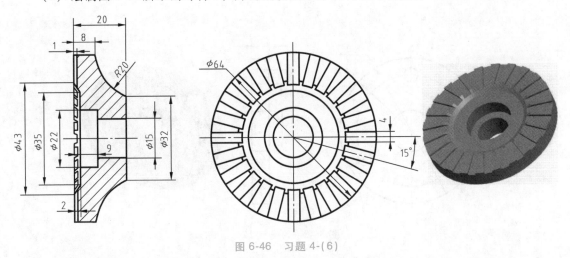

图 6-46　习题 4-（6）

5. 完成装配图，要求先绘制零件，然后组装起来，并完成以下六小题。

（1）求出装配完成后图 6-47 中绿色线所示推杆中心孔到开板顶点的距离（参考答案为 91.5205mm），注意开板初始位置为 45°。

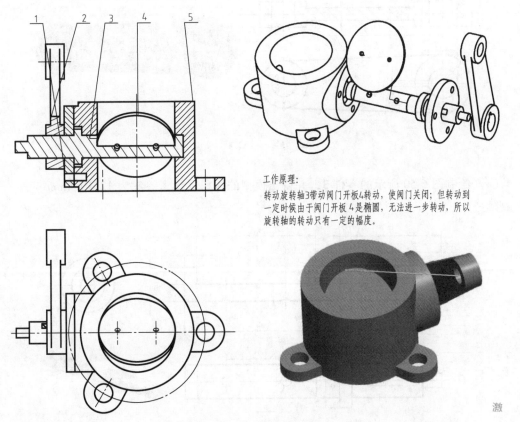

工作原理：

转动旋转轴3带动阀门开板4转动，使阀门关闭；但转动到一定时候由于阀门开板 4 是椭圆，无法进一步转动，所以旋转轴的转动只有一定的幅度。

图 6-47　习题 5-（1）

1—法兰　2—推杆　3—旋转轴　4—阀门开板　5—阀体

（2）绘制图 6-48 所示的零件 1，并得出模型的体积（参考答案为 10503.9mm³）。

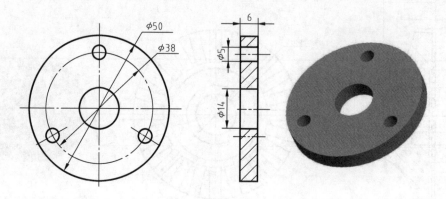

图 6-48　习题 5-（2）

（3）绘制图 6-49 所示的零件 2，并得出模型的体积（参考答案为 17274.2mm³）。

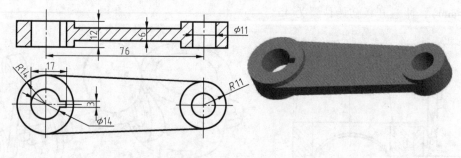

图 6-49　习题 5-（3）

（4）绘制图 6-50 所示的零件 3，并得出模型的体积（参考答案为 12519.4mm³）。

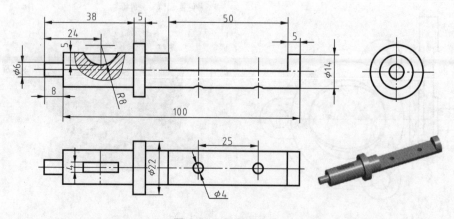

图 6-50　习题 5-（4）

（5）绘制图 6-51 所示的零件 4，并得出模型的体积（参考答案为 4369.95mm^3）。

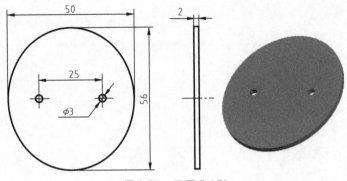

图 6-51 习题 5-(5)

（6）绘制图 6-52 所示的零件 5，并得出模型的体积（参考答案为 143703mm^3）。

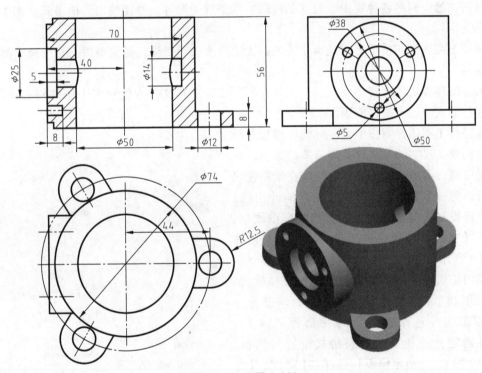

图 6-52 习题 5-(6)

135

第7章

工程图样

7.1 工程图样概述

工程图样在产品设计过程中很重要，它一方面体现着设计结果，另一方面也是指导生产的参考依据，Creo 7.0 提供了强大的工程图样功能，可以快捷、准确地将三维模型经过投影变换得到二维空间的各种视图，包括剖视图、局部放大图等，并能输出其他格式，如 DWG、PDF 等。

同时工程图样与模型之间是全相关的，无论修改工程图样还是模型图，相应尺寸都会自动修改。

工程图样模块还支持多个页面，允许在同一工程图样文件中绘制多个零件的工程图样，不过这种形式一般不推荐使用。

在进行工程图样制作中，一方面要进行各种视图的创建、尺寸的标注、几何公差的标注，在装配图中进行明细栏的创建等，这些在绘图模块中进行；另一方面还需要对工程图样的【图框】格式进行设计，包括零件图图框和装配图图框，这些在【格式】模块中进行设计，绘图与格式如图 7-1 所示。

利用格式模块可以创建各种工程图样模板，下面以创建 A4 竖放的零件图模板为例进行介绍。在图 7-1 中选择格式后，名字命名"A4-1"，单击【确定】按钮后菜单新格式设置对话框，如图 7-2 所示，【指定模板】选择"【空】"，【方向】选择"【纵向】"，【大小】选择"【A4】"，单击【确定】按钮后进行工程图样模板绘制。根据机械制图标准要求可知 e 的值为 10，采用草绘选项卡中的偏移边命令绘制线条，对绘制的线条设置线型下的线宽 0.5。

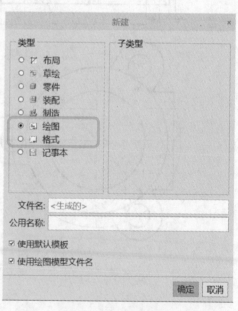

图 7-1　绘图与格式

在表选项区域中，选择表来自文件，选中提供的标题栏表插入到合适位置。保存后即完成工程图样格式模板的创建。这里已经创建好表，零件图标题栏如图 7-3 所示，关于表的创建这里不作介绍。

装配图格式模板的创建过程与零件图基本相同，只是装配图格式模板需要加入两张表

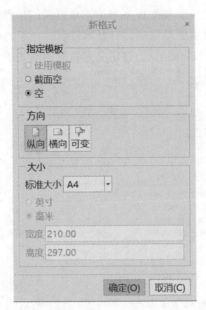

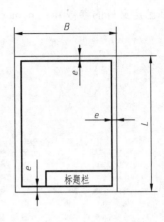

图 7-2　新格式设置

图 7-3　零件图标题栏

格，分别是装配图标题栏和明细表表格。

注意表中各种参数的含义，包括系统参数和自定义参数。

系统参数如下：

1）&model_name——文件的名字。

2）&scale——图纸的比例。

3）&ptc_material_name——材料名称。

4）&pro_mp_mass——材料重量。

5）&total_sheets——工程图样图纸的总量，但局限于在同一工程图样文件下创建多张工程图样。

6）&current_sheet——当前工程图样图纸的编号。

7）&todays_date——当前的日期。

自定义参数如下：

1）&design_name——设计者的名字。

2）&remarks——这里指图纸的自定义编号。

自定义参数需要在相应零件模型中进行定义，如果按本书第 1 章提供的步骤进行了正确设置，即替换掉软件默认的模板，那自定义参数就已经完成，打开零件后，在工具选项卡的参数命令中可以看到已定义好的参数 design_name 和 remarks，自定义参数对话框如图 7-4 所示。

图 7-4　自定义参数对话框

7.2　绘图模块介绍

零件图是零件的工程图样，所以一般先打开要创建工程图样的零件，然后单击【新建】按钮，选择【类型】：【绘图】，同时为了方便文件的管理，建议零件名称和零件图文件名称一致，勾选【使用绘图模型文件名】，单击【确定】按钮后进入如图 7-5 所示的新建绘图对话框。

这里要注意以下三点：

1）因为先前已经打开了零件模型，故在【默认模型】中会出现打开模型的名字，如没有则需要浏览加入，或在进入工程图样绘图模块里添加模型。

2）指定模板中建议选择格式为空，但此处 Creo 提供的选项易造成误解，实际应该为采用自定义的工程图样模板，也即前面自己定义的模板可以在这里导入。

3）根据模型的复杂程度，选择合适的图纸幅面以及图纸摆放的方位（横向或纵向），这里在【格式】中进行设置。

单击【确定】按钮进入零件图模块，这里主要有布局、表、注释、草绘、继承迁移、分析、审阅、工具、视图、框架等选项卡，绘图模块功能区如图 7-6 所示。

图 7-5　新建绘图对话框

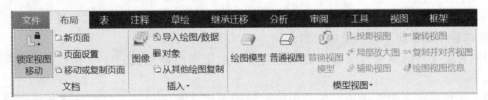

图 7-6 绘图模块功能区

1）布局选项卡：主要生成各种视图、设置绘图零件模型，以及视图的线型显示等。

2）表选项卡：主要生成各种表格，这在零件图中基本不用，但在装配图中可以采用表来生成明细栏。

3）注释选项卡：主要用来自动生成或标注尺寸，以及尺寸工程、几何公差、粗糙度、基准、技术要求等。

4）草绘选项卡：主要用来绘制附加的线条，包括辅助线。

5）继承迁移选项卡：主要用来对所创建的工程图样视图进行转换、创建匹配符号等。

6）分析选项卡：主要用来对所创建的工程图样视图进行测量、检查几何等。

7）审阅选项卡：主要用来对所创建的工程图样进行更新、比较等。

8）工具选项卡：主要用来对所创建的工程图样进行调查、参数化设置等。

9）视图选项卡：主要用来对所创建的工程图样进行可见性、模型显示等操作。

10）框架选项卡：主要用来辅助创建视图、尺寸和表格等。

本书重点要用到的是布局、表、注释和草绘四大选项卡。

7.3 零件图

如图 7-7 所示，零件图主要包括各种视图、尺寸的标注、几何公差和粗糙度的标注等内

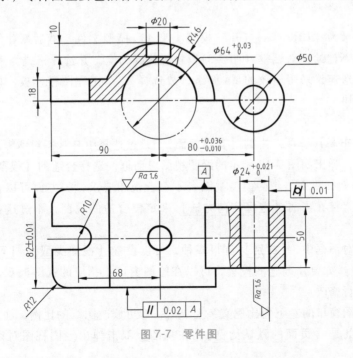

图 7-7 零件图

容，其中为了能完整表达零件，对视图的类型、可见区域以及截面的形式等进行设置，零件图一般的操作步骤如下（相应的模型文件为："CH7\7-3-0. prt"）；

1）根据零件的复杂程度在新建时选择合适的工程图样模板，这一步上一节已经做了说明。

2）采用普通视图生成主视图，用投影视图生成其他视图，为了能对零件进行完整表达，可以对视图进行剖切或局部剖切来表达零件内部的结构。

3）利用注释中的显示模型注释来自动生成尺寸，然后对尺寸进行位置的调整，也可自己标注尺寸。

4）设置尺寸的尺寸公差、几何公差和粗糙度。

5）保存文件或保存成 PDF 格式。

可以看出零件图的制作，关键是视图的生成、视图的剖切、尺寸的标注、几何公差和粗糙度的标注等。

7.3.1 视图的创建

采用 7.2 节的操作进入绘图模块，工程图样的视图类型有普通视图、投影视图、局部放大图、辅助视图、旋转视图等，布局选项卡如图 7-8 所示。

一般首先采用普通视图创建主视图或俯视图，然后再在普通视图的基础上利用投影、局部放大、旋转等创建其他视图。下面就以如图 7-9 所示视图的创建为例创建工程图样。

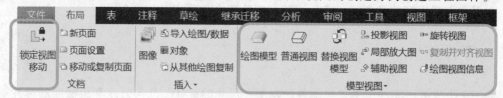

图 7-8　布局选项卡

设置工作目录为"CH7\"，打开"模型类型 1"模型文件，然后新建绘图，单击【确定】按钮后进入新建绘图对话框（图 7-5），设置格式为空，并选择格式为 A4-2 工程图样模板，这里根据图形建议采用横放的 A4 图纸，故选择 A4-2 工程图样模板，单击【确定】按钮后进入绘图模块。

1. 普通视图

首先单击【布局】选项卡中的【普通视图】，跳过选择组合状态对话框后，在屏幕上指定视图的中心点，弹出如图 7-10 所示的绘图视图对话框，选择合适的【模型视图名】，这里选择 FRONT，当然如果列表中的模型视图名不符合视图要求，一方面可以自己定义合适的视图名，也可以直接在当前【选择定向方法】来定位合适的视图，不过这种方式一般不建议采用。

在绘图视图对话框中，【类别】有很多种，可以设置【视图类型】、【可见区域】、【比例】、【截面】等。如要修改这些设置，可以在绘图窗口上相应的视图上双击，再次弹出此对话框，即可进行修改。

也可以在绘图窗口的左下角比例文字上双击，即可修改图纸的比例，注意这种方式修改比例实际上修改的是【页面的默认比例】。在视图上双击弹出绘图视图对话框，选择【类

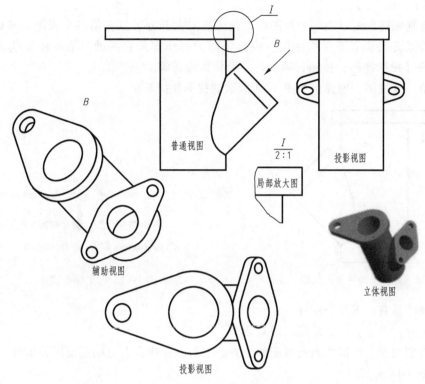

普通视图

投影视图

辅助视图

$\dfrac{I}{2:1}$

局部放大图

立体视图

投影视图

图 7-9 视图的创建

别】下的比例，绘图视图比例设置如图 7-11 所示，可以看到此对话框下还有**【自定义比例】**，对于单个视图或者局部放大图建议可以设置自定义比例。

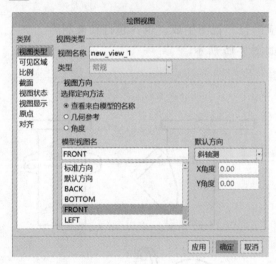

图 7-10 绘图视图对话框

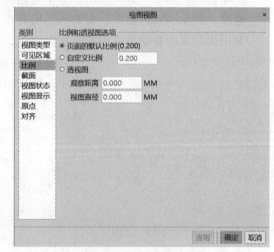

图 7-11 绘图视图比例设置

如果视图的位置不合适，可以先将**【锁定视图移动】**按钮解锁，然后单击要移动的视图，鼠标变成移动图标后即可移动视图。

采用普通视图，创建如图 7-12 所示的主视图，其中模型视图名为 FRONT，比例为 0.2。

2. 投影视图

利用普通视图创建好第一个视图后，其他视图大部分可以在第一个视图的基础上生成，最常用的方式是投影，即投影视图。投影视图的操作方式有两种，第一种是选择【布局】选项卡中的【投影视图】按钮，第二种下面将详细讲解。

单击第一个视图，即弹出如图 7-13 所示的视图快捷菜单。

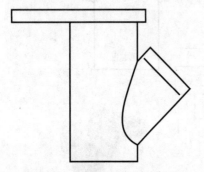

图 7-12　普通视图创建主视图

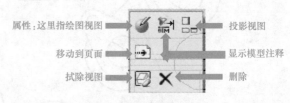

属性：这里指绘图视图　　　　　　投影视图
移动到页面　　　　　　　　　　　显示模型注释
拭除视图　　　　　　　　　　　　删除

图 7-13　视图快捷菜单

该快捷菜单有以下几个图标：

属性图标：单击会弹出绘图视图对话框。

投影视图图标：可以在当前视图的上方、下方、左边和右边根据投影关系自动生成投影视图，如图 7-14 所示。

移动到页面图标：会生成新的页面，将该视图移动到新的页面，如果本身有多张页面，则对话框会提示移动到哪个页面。

显示模型注释：执行【注释】选项卡中的【显示模型注释】按钮命令，后续会讲解。

拭除视图：隐藏当然的视图，但不是删除。

删除：删除当然的视图，如果该视图有相应的投影视图生成，也一起自动被删除。

利用投影视图自动生成俯视图和左视图，如图 7-15 所示。

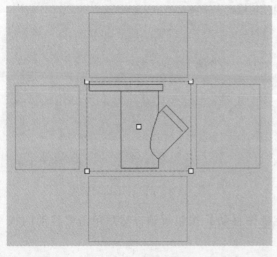

图 7-14　投影视图

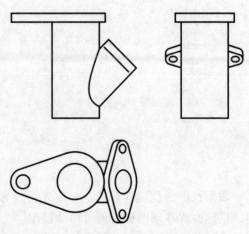

图 7-15　利用投影视图自动生成俯视图和左视图

3. 局部放大图

在工程图样中，有时需要能够清楚表达某一细小结构，这就需要对工程图样的局部进行放大，生成一个新的视图，称为局部放大图。

单击【布局】选项卡中的【局部放大图】，【在一现有视图上选择要查看细节的中心点】（状态栏上显示的文字），在需要局部放大的工程图样上单击中心点，然后用鼠标单击的形式绘制需要局部放大的区域，回到起点位置，单击鼠标中键确定，指定局部放大图的放置位置即完成。利用绘图视图对话框调整比例大小，适当移动标识文字位置，如果无法移动，适当放大出现移动图标后即可移动，最后生成如图 7-16 所示的局部放大图。

4. 辅助视图

投影视图只能产生上方、下方、左边和右边的投影视图，有时需要的投影视图可能是沿某一倾斜的平面投影生成，这就是辅助视图，故辅助视图需要选择一个投影面。因为一般在视图中，面的投影有时是一条线，所以大多数选择的是一条线，然后确定辅助视图的中心位置即完成辅助视图，如图 7-17 所示。

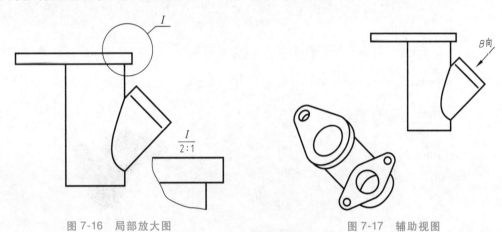

图 7-16　局部放大图　　　　　　　　　　图 7-17　辅助视图

完成后可以打开绘图视图对话框，修改【视图类型】的参数，如【视图名称】改为 B 向，【投影箭头】选择【单箭头】。这样单击【确定】按钮后，再适当调整 B 向箭头的位置，辅助视图设置如图 7-18 所示。

5. 立体视图

在工程图样中，有时为了使读图者读图方便，另外添加一个立体视图，一般采用轴测图的形式，即在第一象限内 45°方向投影的图形，在 Creo 软件中一般指标准方向。立体视图采用普通视图的方式创建，这样创建的视图和原来的视图没有关系，可以自己定义不同的比例。这里在绘图视图对话框【比例】中设置【自定义比例】为 0.1，【视图类型】中选择【视图模型名】为【标准方向】，【视图显示】中【显示样式】为【着色】。因为绘制立体视图主要是为了方便读图，比例的大小并无影响，故这里删除比例文字，立体视图的设置如图 7-19 所示。

6. 旋转视图

在工程制图中，有些情况下，只需要知道当前截面的形状，而其他部分已经在其他视图中表达清楚了，这时就可以用旋转视图。旋转视图是将当前截面旋转 90°后，显示其截面的

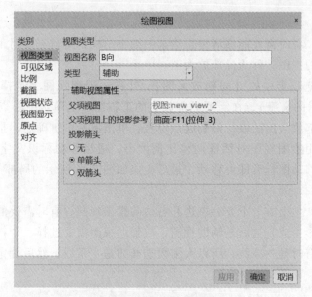

图 7-18　辅助视图设置

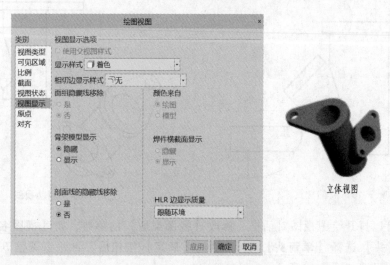

图 7-19　立体视图的设置

工程图样形式，要创建的旋转视图如图 7-20 所示。

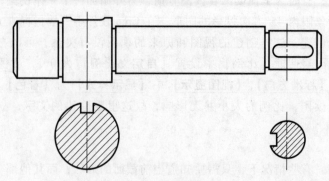

图 7-20　旋 转 视 图

创建旋转视图在新的页面中进行，如果前面已经创建了页面则切换到第 2 页，若没有创建则在布局选项卡中，单击【新页面】则生成一个新的页面。在新的页面中，要对另一个零件绘制工程图样，就需要单击布局选项卡中的【绘图模型】，弹出如图 7-21 所示的添加模型下拉式菜单，在这里可以【添加模型】，即添加新的模型，当然一旦有多个模型后，只能对当前模型创建普通视图。如果需要回到原来的模型，应通过【设置模型】切换到原来的模型。

【添加模型】选择"视图模型 2. prt"文件，【完成/返回】退出下拉菜单。

创建普通视图，在绘图视图对话框中，视图类型中模型视图名选择"2"，这里视图名"2"是自定义视图。

单击布局选项卡中的【旋转视图】，要求指定旋转截面的父视图和旋转视图的中心点，弹出如图 7-22 所示的旋转视图设置对话框，【横截面】选择 B 和 C 则在相应的位置生成旋转视图。

7. 视图创建练习

模型分别为 "7-3-1_1. prt" 和 "7-3-1_2. prt"，创建如图 7-23 所示的视图练习和图 7-24 所示的旋转视图练习。

菜单管理器

▼ 绘图模型
添加模型
删除模型
设置模型
移除表示
设置/添加表示
替换
模型显示
完成/返回

图 7-21　添加模型下拉式菜单

图 7-22　旋转视图设置对话框

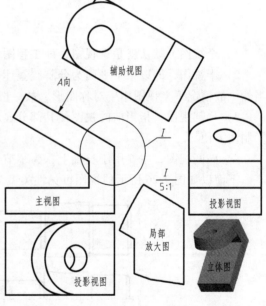

图 7-23　视图练习

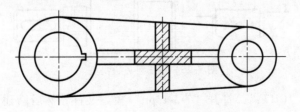

图 7-24　旋转视图练习

7.3.2 视图的可见区域

在绘图视图对话框中的类别选择可见区域，如图 7-25 所示，可以看到【视图可见性】有【全视图】、【半视图】、【局部视图】和【破断视图】四种类型。

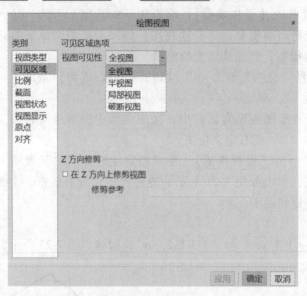

图 7-25 可见区域

1）全视图，默认就是全视图，即工程图样全部显示。

2）半视图，即以某个平面为分解线显示其中的一侧，故半视图并不一定是显示一半，当然一般情况下半视图用于对称图形，故一般显示一半。

3）局部视图，指当前的视图使其部分显示，主要为了工程图样在表达时避免重复或为了制图方便。

4）破断视图，主要用于长轴上，为了节约图纸空间，把相同的部分截断缩短。

下面以如图 7-26 所示的视图可见性类型为例，创建视图的可见区域。

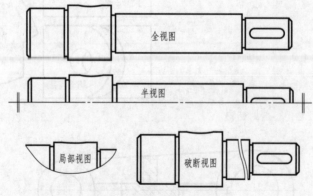

图 7-26 视图可见性类型

设置工作目录为 "CH7\"，打开 "7-3-1. prt" 模型文件，然后新建绘图，单击【确定】按钮后进入新建绘图对话框，设置格式为空，并选择格式为 A4-2 工程图样模板，单击【确定】按钮后进入绘图模块。

首先创建四个相同的普通视图,调整好位置。

1. 半视图

对第二个普通视图双击进入绘图视图对话框,半视图创建如图 7-27 所示,选择【**视图可见性**】为半视图,选择【**半视图参考平面**】为轴的中心平面,如无法选中,则右击进行切换直到选中中心平面,通过【**保持侧**】进行切换确定保留的部分。

2. 局部视图

对第三个普通视图双击进入绘图视图对话框,局部视图创建如图 7-28 所示,选择【**视图可见性**】为【**局部视图**】,操作方式基本同上小节的局部放大图,确定【**几何上的参考点**】和绘制保留区域的【**样条边界**】。

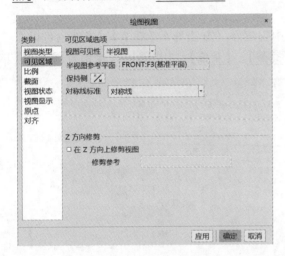

图 7-27 半视图创建

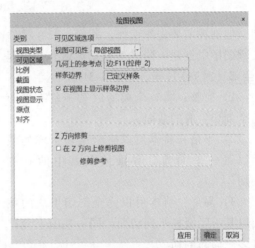

图 7-28 局部视图创建

3. 破断视图

对第四个普通视图双击进入绘图视图对话框,破断视图创建如图 7-29 所示,选择【**视图可见性**】为【**破断视图**】,确定【**第一破断线**】的位置和方向,【**第二破断线**】的位置(不用确定方向,因为两者是平行的),绘制【**破断线样式**】,一般采用 S 形的【**草绘**】。

4. 视图的可见区域练习

模型为"7-3-2. prt",创建如图 7-30 所示的视图可见区域练习。

7.3.3 剖视图的创建

对于一般视图、投影视图、辅助视图可以进行剖视或不剖处

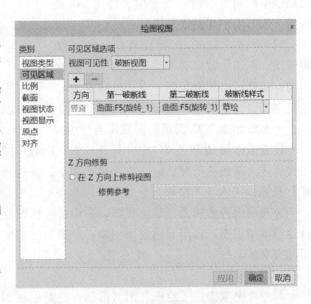

图 7-29 破断视图创建

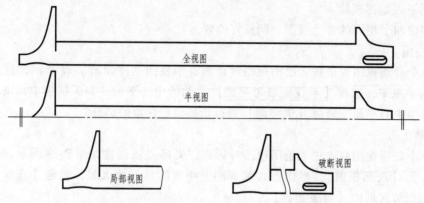

图 7-30　视图可见区域练习

理，但剖视前要先作截面，截面一般在零件图中创建好（方法见 6.7.2 节），当然也可以在工程图样中创建。同时【剖切区域】可以是【完整】、【半倍】、【局部】、【全部（展开）】、【全部（对齐）】等，如图 7-31 所示。

1）完整：将整个模型以某一基准平面完全剖切生成的截面。

2）半倍：将本可以完全剖切生成的截面以某一平面为分界面使其其中的一侧剖切。

3）局部：将本可以完全剖切生成的截面以某一区域显示剖切面，同一视图上允许有多个局部剖切。

4）全部（展开）：针对普通视图，剖切路线草绘面为当前视图方向，应用 2D 剖面后，视图沿剖切路线展开。

5）全部（对齐）：即旋转剖，针对投影视图，剖切的截面必须是通过偏移方式绘制的，偏移线必须交于同一点，这样定义的轴是剖切路线的交点，它只适合做盘类零件的剖视图。

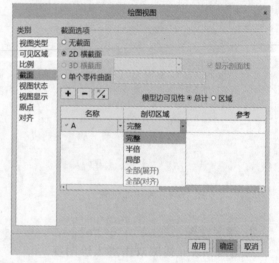

图 7-31　剖视图的创建

下面以如图 7-32 所示的剖视图类型为例，创建视图的剖切面。

设置工作目录为"CH7\"，打开"7-3-3.prt"模型文件，然后新建绘图，单击【确定】按钮后进入新建绘图对话框，设置格式为空，并选择格式为 A4-2 工程图样模板，单击【确定】按钮后进入绘图模块。

首先采用普通视图创建主视图，采用投影视图创建左视图和俯视图，调整好位置。为了表达当前知识点，再用普通视图创建一个类似的主视图，但要注意这个视图和前面的三个视图没有联系。

1. 全剖视图

对左视图双击进入绘图视图对话框，完整剖视图如图 7-33 所示，选择【截面选项】为【2D 横截面】，单击【+】按钮创建一个剖切，如没有剖切面则会提示创建剖切面，如有可

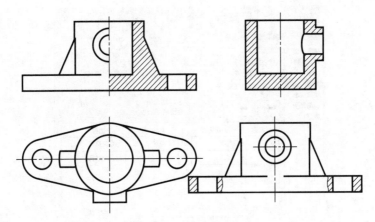

图 7-32　剖视图类型

用的剖切面，在名称下拉菜单中可以选择，【剖切区域】选择【完整】。

2. 半剖视图

对主视图双击进入绘图视图对话框，半剖视图如图 7-34 所示，选择【截面选项】为【2D 横截面】，单击【+】按钮创建一个剖切，如没有剖切面则会提示创建剖切面，如有可用的剖切面，在名称下拉菜单中可以选择，【剖切区域】选择【半倍】，设置【参考】平面作为要显示剖切一边的【边界】面。

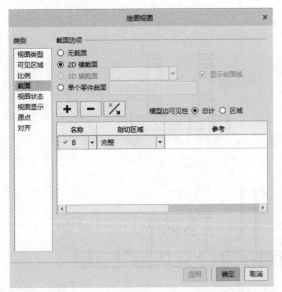

图 7-33　完整剖视图

图 7-34　半剖视图

3. 局部剖视图

对第二个普通视图双击进入绘图视图对话框，局部剖视图如图 7-35 所示，选择【截面选项】为【2D 横截面】，单击【+】按钮创建一个剖切，在名称下拉菜单中选择剖切面，【剖切区域】选择【局部】，设置中心点和要局部剖切显示的区域。这里绘制两个局部剖切。

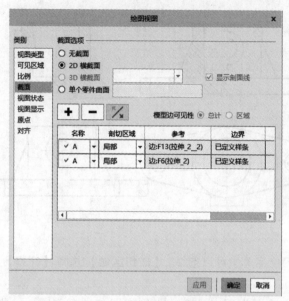

图 7-35　局部剖视图

4. 展开、对齐视图

下面以图 7-36 所示的其他剖切视图为例，创建旋转剖（全部对齐）、阶梯剖及全部展开剖切。

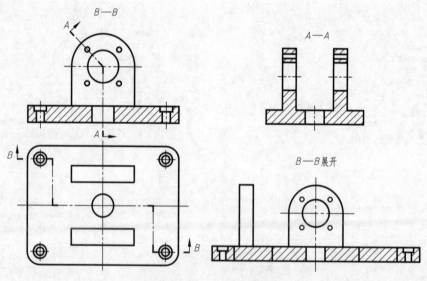

图 7-36　其他剖切视图

设置工作目录为"CH7\"，打开"7-3-4.prt"模型文件，然后新建绘图，单击【确定】按钮后进入新建绘图对话框，设置格式为空，并选择格式为 A4-2 工程图样模板，单击【确定】按钮后进入绘图模块。

采用普通视图创建主视图，采用投影视图创建左视图和俯视图，调整好位置。为了表达当前知识点，再用普通视图创建一个类似的主视图，但要注意这个视图和前面的三个视图没有联系。

在零件图上创建两个偏移剖切（*A* 和 *B* 剖面），注意 *A* 剖面的建立方向，剖面草绘图如图 7-37 所示。

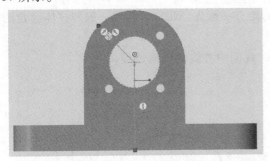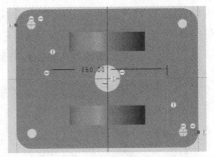

图 7-37 剖面草绘图

在主视图上选择 *B* 剖面创建阶梯剖，并在俯视图上添加箭头，调整箭头的位置。

在左视图上选择 *A* 剖面创建全部对齐剖切面，选择对齐的轴线为中间孔的轴线，并在主视图上添加箭头，调整箭头的位置。

在普通视图上选择 *B* 剖面创建全部展开剖切面，可以发现此视图的长度为偏移草绘线的长度。

5. 剖视图练习

模型为 "7-3-5_1.prt" 和 "7-3-5_2.prt"，创建如图 7-38 所示的剖视图练习。

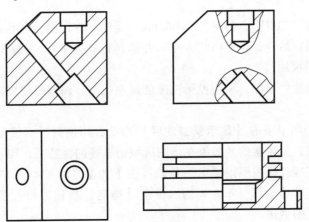

图 7-38 剖视图练习

7.3.4 零件图标注

工程图样创建完成后，则需要在视图上标注尺寸、中心线、尺寸公差、几何公差、粗糙度等要素，所有这些标注都在注释选项卡中完成，如图 7-39 所示。

图 7-39 注释选项卡

1. 中心线绘制

中心线在工程图样中一般是通过【显示模型注释】命令自动生成的，前提是相应的地方必须有基准轴，故有中心线的地方一般先创建轴，当然一般圆柱体会自动生成轴，但对于不是整圆的则需要自己创建轴。

下面以图 7-40 所示的中心线绘制为例，说明中心线的创建过程。

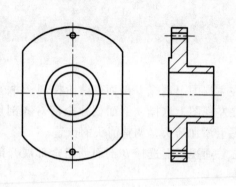

图 7-40　中心线绘制

设置工作目录为"CH7\"，打开"7-3-6.prt"模型文件，然后新建绘图，单击【确定】按钮后进入新建绘图对话框，设置格式为空，并选择格式为 A4-2 工程图样模板，单击【确定】按钮后进入绘图模块。

采用普通视图创建主视图，采用投影视图创建左视图，调整好位置，在左视图上创建全剖视图。

单击【注释】选项卡下的【显示模型注释】命令，切换到显示模型基准区域，在绘图区域中选中两个视图，要注意的是如果在绘图区域中选择的是特征，则只显示该特征上的基准，故方便起见，直接选择视图则显示的是该视图下的基准，按<Ctrl>键选择第二个视图，这样两视图上的所有基准全部显示，勾选后单击【确定】按钮即可，然后适当调整基准轴线的长度完成中心线的创建。

2. 尺寸标注

一般情况下采用自动的形式进行尺寸标注，当然也可以采用手动形式，并且尺寸的值是从零件模型中得来的，所以一旦零件模型尺寸发生改变，工程图样尺寸大小也会随之改变。

下面在图 7-40 的基础上进行尺寸的标注，完成如图 7-41 所示尺寸标注。

尺寸标注的一般步骤：

1）添加尺寸，并调整尺寸位置。

2）调整尺寸到其他视图上。

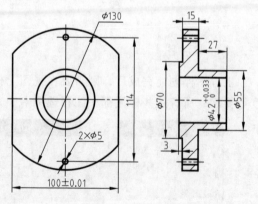

图 7-41　尺寸标注

3）删除多余尺寸，并分析多余的原因。

4）改变尺寸的箭头方向。

5）添加尺寸文字的前缀和公差。

6）删除多余的文字。

第一步的操作方式同中心线的创建，单击【注释】选项卡下的【显示模型注释】命令，切换到显示模型尺寸区域，同样选择两个视图，但要注意在需要多标注尺寸的视图上先选择，然后再选择第二个视图，这样可以让大部分尺寸落在第一视图上。

3. 粗糙度标注

在 Creo 7.0 中，既可以在零件模型环境中标注零件模型的表面粗糙度符号，也可以在工程图样环境下对视图进行表面粗糙度符号的标注，表面粗糙度只与零件的表面有关，在已指定粗糙度的表面上重新指定粗糙度时，系统重新定义零件表面的粗糙度信息，并更换粗糙度符号。但要注意的是，Creo 软件中表面粗糙度是一种符号，即在工程图样中插入符号，故其他的符号也可以采用表面粗糙度命令操作。【表面粗糙度】命令在【注释】选项卡下的【注释】区域中。

由于 Creo 7.0 提供的表面粗糙度符号是旧的国家标准，故本书中提供了新国家标准的粗糙度符号库。按图 7-42 来进行粗糙度标注。

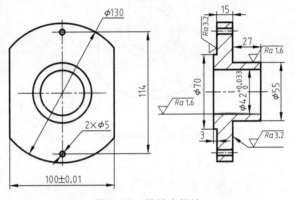

图 7-42　粗糙度标注

单击【注释】选项卡下的【注释】区域中的表面粗糙度命令，弹出图 7-43 所示的表面

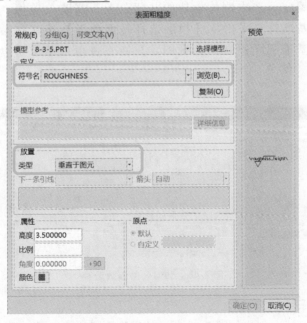

图 7-43　表面粗糙度对话框

粗糙度对话框，符号名选择本书提供的符号（在图纸格式目录下），放置类型选用垂直于图元，在相应的图元上按鼠标左键选定，按鼠标中键确认，以这样的方式执行四次，标注四个粗糙度符号，最后单击【确定】按钮。双击相应的文字修改粗糙度值和适当移动粗糙度符号的位置即完成粗糙度的标注。

4. 几何公差

几何公差同样可以在零件模型环境中标注，也可以在工程图样环境下对视图进行标注，如图 7-44 所示。

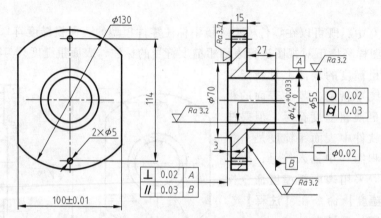

图 7-44　几何公差标注

在【注释】选项卡下的【注释】区域中，几何公差的标注主要包括两部分【几何公差】标注和【基准特征符号】标注，两者的标注方法一样，首先选择标注几何对象，再选择标注放置的对象（如果标注对象或基准对象是中心线，根据国家标准规定要求指引箭头或黑三角要和尺寸线对齐），最后鼠标移动标注几何框格或在基准框格放置的位置单击鼠标中键确定，选中刚才标注的几何公差，修改公差值、公差项目以及添加基准符号，但建议基准符号采用从【模型选择基准参考】按钮在绘图窗口选择，但几何公差标注视图和基准视图不在同一视图，只能直接填入基准字母。几何公差参数设置如图 7-45 所示。

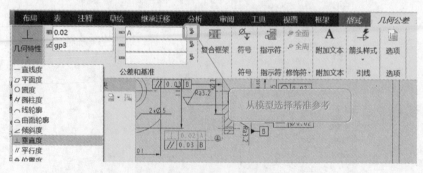

图 7-45　几何公差参数设置

5. 零件图标注练习

模型为 "7-3-7.prt"，创建如图 7-46 所示的零件图标注练习。

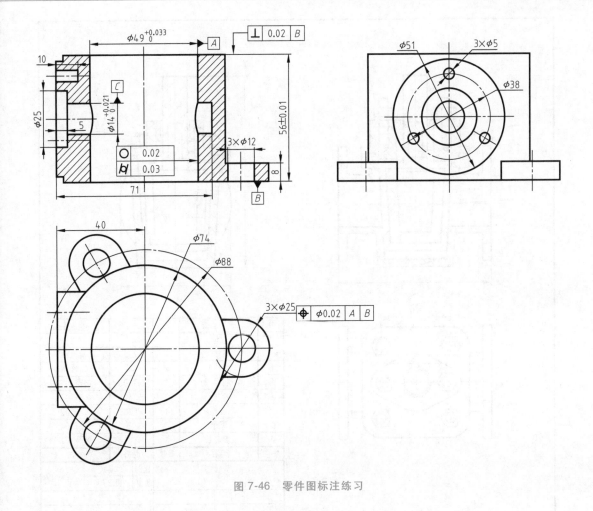

图 7-46　零件图标注练习

7.4　装配图

7.4.1　装配图概述

装配图和零件图有很大的区别，主要表现在以下几点：

1）两者的工程图样模板不同，在新建装配图时格式选择为装配图的格式，这在 1.3 节中已经提到。

2）装配图的剖视图中，部分轴类、螺母和螺栓等零件不剖。

3）装配图不是制造零件的直接依据，因此，装配图中不需注出零件的全部尺寸，而只需标注出一些必要的尺寸，这些尺寸按其作用的不同，大致可以分为规格尺寸、装配尺寸、安装尺寸、外形尺寸以及其他重要的尺寸。

4）为了便于读图、管理图样以及做好生产准备工作，装配图中的所有零、部件都必须依照国家标准编写序号，装配图中相同的零、部件用一个序号，一般只标注一次，并在标题栏的上方放置明细表。下面以图 7-47 所示的旋转阀装配图为例，讲解装配图的创建过程。

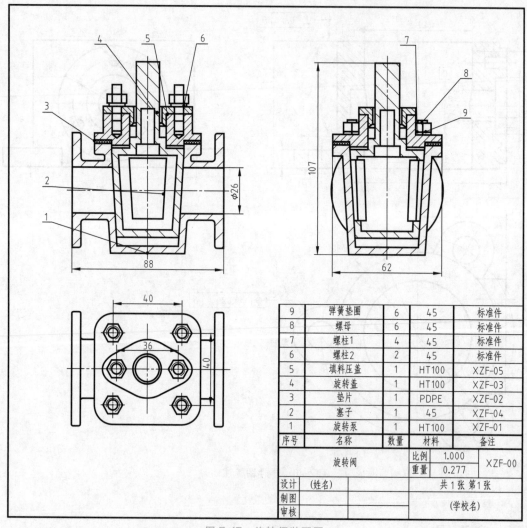

9	弹簧垫圈	6	45	标准件
8	螺母	6	45	标准件
7	螺柱1	4	45	标准件
6	螺柱2	2	45	标准件
5	填料压盖	1	HT100	XZF-05
4	旋转盖	1	HT100	XZF-03
3	垫片	1	PDPE	XZF-02
2	塞子	1	45	XZF-04
1	旋转泵	1	HT100	XZF-01
序号	名称	数量	材料	备注

旋转阀	比例	1.000	XZF-00
	重量	0.277	

设计	(姓名)		共1张 第1张
制图			
审核			(学校名)

图 7-47　旋转阀装配图

7.4.2　装配图视图的创建

装配图视图的创建同零件图，但装配图的剖视图中部分零件不剖，一般包括螺栓、螺母、螺钉等标准件，这就要求在剖视图中将其排除。剖视图创建过程如图 7-48 所示。

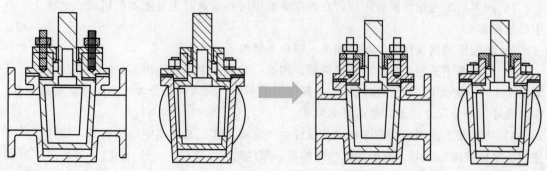

图 7-48　剖视图创建过程

按零件图的方法创建三个视图，并对主视图和左视图进行全剖视图，定位到布局选项卡双击视图的剖面线，出现如图 7-49 所示的剖面线的修改下拉菜单，选择定位到相应的元件进行【间距】、【角度】的调整，要注意的是以下三点：

1）Creo 软件中同一元件两个视图的剖面线可能不一致，故建议采用【间距】中的【值】来确定每个视图中元件的剖面线。

2）对于不剖切的元件用排除选项，拭除仅仅是删除剖面线。

3）对于橡胶材料类零件，剖面线为交叉的双线条，则采用【新增直线】的方式增加交叉线条，注意间距、角度。

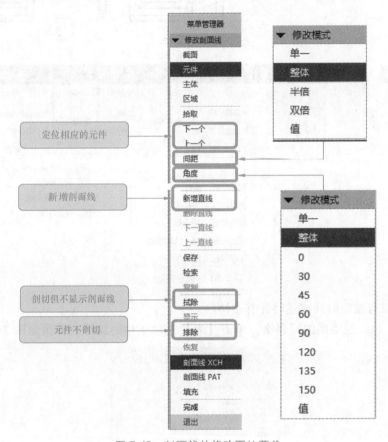

图 7-49　剖面线的修改下拉菜单

7.4.3　装配图明细栏的调整和序号的标注

装配图和零件图最大的区别就是明细栏和序号的标注，序号标注如图 7-50 所示。

明细栏根据所选择的工程图样模板不同，会自动生成明细栏，序号的标注主要应用【表】选项卡下的【创建球标】命令，可以采用【按元件】、【按视图】、【全部】等方式创建球标，即序号。表选项卡如图 7-51 所示。

但这样生成的序号有以下几个问题：

1）序号的标注符号不符合我国国家标准。

2）序号没有对齐。

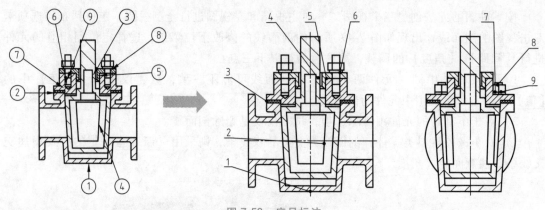

图 7-50　序号标注

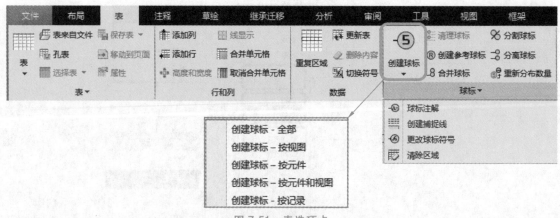

图 7-51　表选项卡

3）序号没有按顺时针或逆时针有序排序。

针对问题 1），选中明细栏表格，单击【表】选项卡中的属性，弹出如图 7-52 所示的表

图 7-52　表属性对话框

属性对话框，在【BOM球标】中，【类型】选择【自定义】，【浏览】图纸格式文件夹下的"Serialnumber.sym"符号文件。

针对问题2），单击【表】选项卡中的球标下的【创建捕捉线】，一般按视图的形式选择相应的视图边界线，用<Ctrl>键选择多条，设置距离和条数，然后选择相应的序号拖动到辅助线上实现对齐，要注意引出线不能交叉，也可以将序号移动到其他视图上；以拉框的形式选中所有序号，单击【表】选项卡下的【箭头样式】修改末端形状。

针对问题3），单击【表】选项卡中的【重复区域】，弹出如图7-53所示的表域管理下拉菜单，单击【固定索引】，选择明细栏表格，弹出下一级菜单，在表格中单击第一列需要修改编号的数字，输入编号值，全部完成后单击【完成】则所有序号重新排列，注意这种方式中每一个序号按规定的编号【固定】下来，这样修改后编号值就不会变，如果需要重新修改编号值，则需要【取消固定】，然后重新编号。

图 7-53　表域管理下拉菜单

7.4.4　尺寸和轴线的添加

在注释选项卡下选择显示模型注释添加轴线，采用尺寸命令添加外形尺寸、规格尺寸、安装尺寸等其他重要尺寸。

 习　题

1. 零件图。

（1）绘制图7-54所示的泵盖零件图，并生成工程图样，要求选择合适的图框、尺寸标

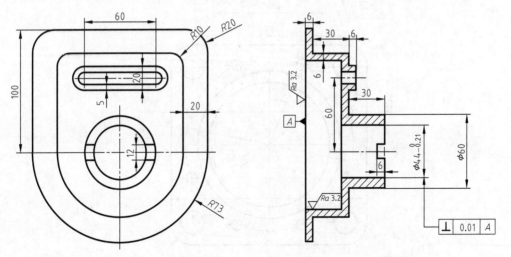

图 7-54　习题 1-（1）

注、尺寸公差、表面粗糙度和几何公差等（零件体积的参考答案为239571mm³）。

（2）绘制图7-55所示的支架零件图，并生成工程图样，要求选择合适的图框、尺寸标注、尺寸公差、表面粗糙度和几何公差等（零件体积的参考答案为288942mm³）。

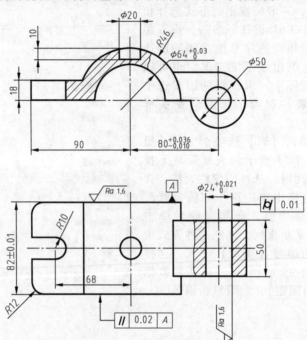

图 7-55　习题 1-（2）

（3）绘制图7-56所示的端盖零件图，并生成工程图，要求选择合适的图框、尺寸标注、

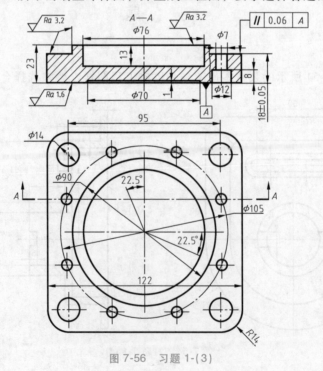

图 7-56　习题 1-（3）

尺寸公差、表面粗糙度和几何公差等（零件体积的参考答案为 212469mm^3）。

（4）绘制图 7-57 所示的支架零件图，并自己创建合理的工程图样，要求选择合适的图框、尺寸标注、尺寸公差、表面粗糙度和几何公差等（零件体积的参考答案为 18046.6mm^3）。

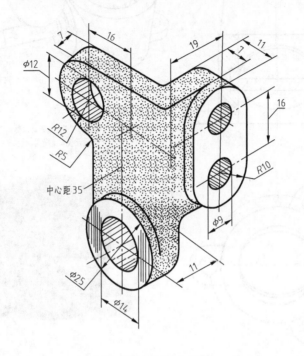

图 7-57　习题 1-（4）

2. 装配图。

（1）针对第 6 章习题中的第 4 题，在千斤顶（见图 7-58）组装完成后，完成装配图。

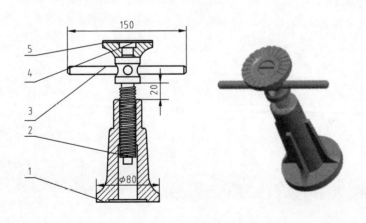

图 7-58　习题 2-（1）

1—底座　2—起重螺钉　3—旋转杆　4—螺钉　5—顶盖

（2）针对第 6 章习题中的第 5 题，在旋转阀（见图 7-59）组装完成后，完成装配图。

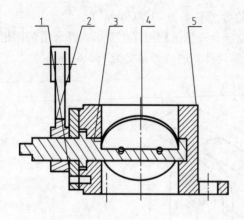

工作原理：

转动旋转轴3带动阀门开板4转动，使阀门关闭；但转动到一定时候由于阀门开板4是椭圆，无法进一步转动，所以旋转轴的转动只有一定的幅度。

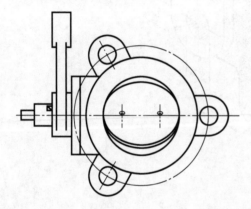

图 7-59　习题 2-(2)

1—法兰　2—推杆　3—旋转轴　4—阀门开板　5—阀体

第8章

机构运动仿真设计

8.1 仿真概述

在 Creo 7.0 机构模块中，可以对一个机构装置进行运动仿真及分析，除了查看机构的运行状态，检查机构运行时有无碰撞外，还可以进行机构中某点的位置分析、运动分析、动态分析、静态分析和力平衡分析等，为检验和进一步改进机构的设计提供参考依据。

进入机构模块前，首先必须建立一个装配模型，这种装配模型的建立过程和第 6 章有很多类似之处，只是第 6 章采用各种约束来组装元件，而仿真的装配模型必须采用各种连接约束集来减少元件的自由度。两者的命令也基本相同，Creo 软件提供各种连接类型，各种连接类型允许不同的运动自由度，而每种连接类型都与一组预定义的约束集相关联，仿真装配的连接类型如图 8-1 所示，各种连接的运动状况及自由度说明如下。

图 8-1　仿真装配的连接类型

1）刚性连接：两个元件固定在一起，自由度为零。

2）销连接：元件可以绕配合的轴线进行旋转，旋转自由度为 1，平移自由度为 0。

3）滑块连接：元件可以沿配合方向进行平移，旋转自由度为 0，平移自由度为 1。

4）圆柱连接：元件可以相对于配合轴线同时进行平移和旋转，旋转自由度为 1，平移自由度为 1。

5）平面连接：元件可以在配合平面内进行平移和绕平面法向的轴线旋转，旋转自由度为 1，平移自由度为 2。

6）球连接：元件可以绕配合点进行空间旋转，旋转自由度为 3，平移自由度为 0。

7）焊缝连接：两个元件按指定坐标系固定在一起，自由度为0。

8）轴承连接：元件可以绕配合点进行空间旋转，也可以沿指定方向平移，旋转自由度为3，平移自由度为1。

9）常规连接：元件连接时约束自定义，自由度根据约束的结果来判断。

10）6DOF连接：元件可以在任何方向进行旋转和平移，旋转自由度为3，平移自由度为3。

11）万向连接：元件可以绕配合坐标系的原点进行空间旋转，旋转自由度为3，平移自由度为0。

12）槽连接：元件上某点沿曲线运动。

这里的连接约束，读者可以对照机械原理中的各种运动副，如销就是转动副，滑块就是移动副，圆柱就是圆柱副等。故针对这一章节建议读者先了解机械原理书中机构的结构分析章节。下面就对用户定义中的主要连接约束做简单介绍。

8.1.1 刚性

刚性连接，即将两个元件粘贴在一起，刚性连接的两个元件之间没有任何相对运动，可以视为同一元件。

刚性连接需要一个或多个约束，以完全约束元件。

设置工作目录为"CH8 \ 刚性连接"，新建组件，组装"001. prt"，约束类型选择为默认，单击【确定】按钮完成。

组装"002. prt"，选择刚性连接，设置三个【重合】约束，使002元件完全约束，刚性连接如图8-2所示。

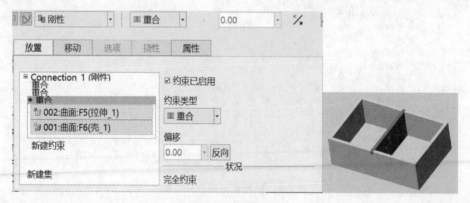

图8-2　刚性连接

8.1.2 销

销连接，机械原理中称为转动副，即元件绕着某个轴进行旋转，它有一个自由度。

设置工作目录为"CH8 \ 销钉连接"，新建组件，组装"001. prt"，约束类型选择为默认，单击【确定】按钮完成。

组装"002. prt"，选择销钉连接，设置【轴对齐】、【平移】和【旋转轴】销连接如图8-3所示。

在销连接中有三个选项设置：

1）【轴对齐】，两零件旋转对齐的轴线，【选择元件项】和【选择装配项】的两根轴或圆柱面对齐。

2）【平移】，两零件在轴向方向的位置确定，用平移中【选择元件项】和【选择装配项】来选择两平面限定轴向的位置。

3）【旋转轴】，指定旋转角度的范围，通过设置【最小限制】和【最大限制】来限制旋转的角度。

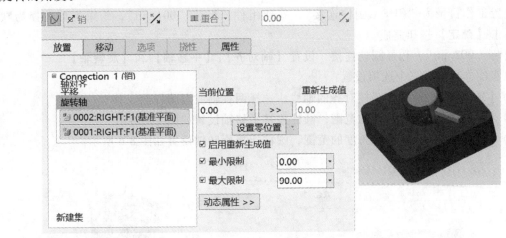

图8-3　销连接

8.1.3　滑块

滑块连接，机械原理中称为移动副，即元件沿着某个方向进行移动，它有一个自由度。

设置工作目录为"CH8＼滑块连接"，新建组件，组装"001.prt"，约束类型选择为默认，单击【确定】按钮完成。

组装"002.prt"，选择滑块连接，设置【轴对齐】、【旋转】和【平移轴】，滑块连接如图8-4所示。

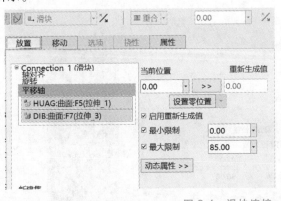
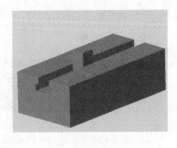

图8-4　滑块连接

在滑块连接中有三个选项设置：

1）【轴对齐】，两零件相对移动对齐的图元，可以选择两根轴或者两条边线。

2）【旋转】，限制两个零件在滑动方向上的旋转，用两平面来约束旋转自由度。

3）【平移轴】，指定移动的范围，通过设置【最小限制】和【最大限制】来限制移动的范围。

8.1.4　圆柱

圆柱连接，机械原理中称为圆柱副，即元件沿着某个方向可以进行转动和移动，它有两个自由度。

设置工作目录为"CH8 \ 圆柱连接"，新建组件，组装"001.prt"，约束类型选择为默认，单击【确定】按钮完成。

组装"002.prt"，选择圆柱连接，设置【轴对齐】、【平移轴】和【旋转轴】。

在圆柱连接中有三个选项设置：

1）【轴对齐】，两零件圆柱对齐的轴线，选择两根轴或者圆柱面。

2）【平移轴】，指定移动的范围，圆柱连接平移轴设置如图 8-5 所示。

3）【旋转轴】，指定旋转角度的范围，圆柱连接旋转轴设置如图 8-6 所示。

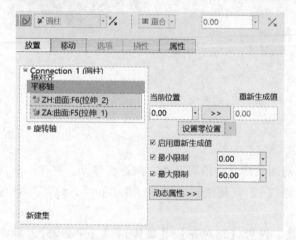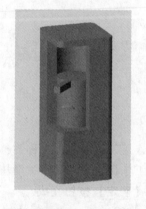

图 8-5　圆柱连接平移轴设置

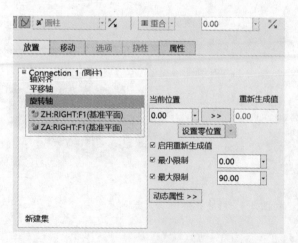

图 8-6　圆柱连接旋转轴设置

8.1.5　平面

平面连接的元件既可以在一个平面内移动，也可以绕垂直于该平面的轴线转动，有两个移动自由度和一个转动自由度。

设置工作目录为"CH8 \ 平面连接"，新建组件，组装"001. prt"，约束类型选择为默认，单击【确定】按钮完成。

组装"002. prt"，选择平面连接，设置【平面】、【平移轴 1】、【平移轴 2】和【旋转轴】。

在平面连接中有四个选项设置：

1）【平面】，两零件平面对齐的两个平面，约束三个自由度。

2）【平移轴 1】，对一个移动自由度进行移动范围的限制设置，平面连接平移轴 1 设置如图 8-7 所示。

3）【平移轴 2】，对另一个移动自由度进行移动范围的限制设置，平面连接平移轴 2 设置如图 8-8 所示。

4）【旋转轴】，这里不进行设置，则可以 360°转动。

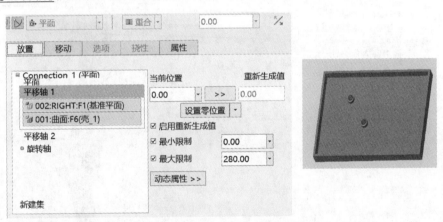

图 8-7　平面连接平移轴 1 设置

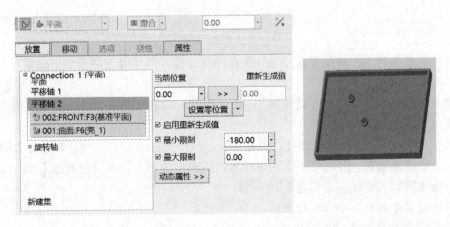

图 8-8　平面连接平移轴 2 设置

8.1.6 球

球连接的元件在约束点上可以向任何方向转动，球连接只需一个点对齐约束。球连接有三个转动自由度，没有移动自由度。

设置工作目录为"CH8\球连接"，新建组件，组装"001.prt"，约束类型选择为默认，单击【确定】按钮完成。

组装"002.prt"，选择球连接，球连接必须使用点与点对齐，故这时在组件模式下在两个元件上创建点，设置【点对齐】、【圆锥轴】，如图8-9所示。

在球连接中有两个选项设置：

1）【点对齐】，两个零件上的点对齐。

2）【圆锥轴】，选择元件和装配件上的轴，用来限制元件的转动范围。

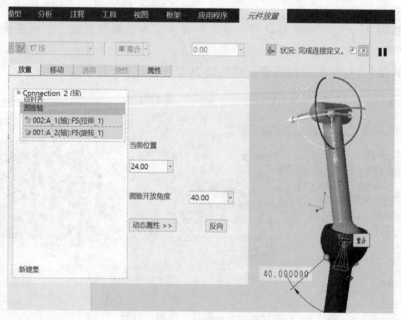

图 8-9 球连接

8.1.7 焊缝

焊缝连接是将两个元件固定在一起，类似刚性连接，但焊缝连接需要坐标系对齐，其自由度为0。

设置工作目录为"CH8\焊缝连接"，新建组件，组装"001.prt"，约束类型选择为默认，单击【确定】按钮完成。

组装"002.prt"，选择焊缝连接，焊缝连接必须使坐标系对齐，故这时在组件模式下在两个零件上创建坐标系，并对001上的坐标系进行参考阵列，设置【坐标系】对齐，对002元件进行参考阵列。焊缝连接如图8-10所示。

在焊缝连接中只有一个选项设置：

【坐标系】，选择两个元件上的坐标系，并必须使其方向一致。

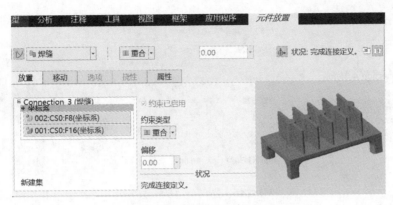

图 8-10 焊缝连接

8.1.8 轴承

轴承连接是球连接和滑动连接的组合，在这种类型的连接中，连接元件既可以在约束点上沿任何方向旋转，也可以沿对齐的轴线进行移动。

轴承连接需要的约束是点与边线（轴）的对齐约束，它有三个转动自由度和一个移动自由度。

设置工作目录为"CH8\轴承连接"，新建组件，组装"001.prt"，约束类型选择为默认，单击【确定】按钮完成。

组装"002.prt"，选择【轴承】连接，轴承连接必须使用线与【点对齐】，设置【点对齐】、【平移轴】和【圆锥轴】。

在球连接中有三个选项设置：

1)【点对齐】，线与点对齐，线为选择元件项上的线，点为选择装配项上的点。

2)【平移轴】，【选择元件零参考上】，即 002 元件上的平面，用来作为轴向移动的参考平面，轴承连接平移轴设置如图 8-11 所示。

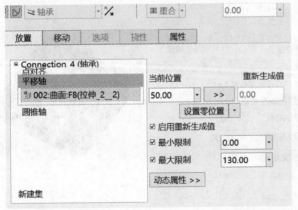

图 8-11 轴承连接平移轴设置

3)【圆锥轴】，分别选择元件和装配件上的轴，用来限制元件的转动范围，轴承连接圆锥轴设置如图 8-12 所示。

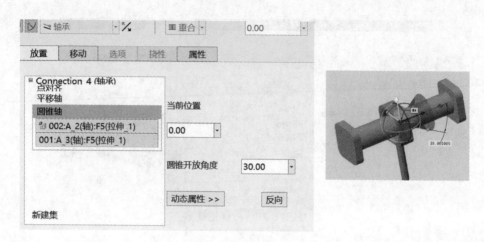

图 8-12　轴承连接圆锥轴设置

8.1.9　常规

常规连接是向元件中施加一个或数个约束，这些约束不需要预先定义或确定，然后根据约束的结果来判断元件的自由度及运动状况，在创建常规连接时，可以在元件中添加距离、定向和对齐等约束，根据约束的结果，来实现元件间的旋转、平移等相对运动。故可以用常规连接来代替上述所有连接，如下面用常规连接来生成销连接。

设置工作目录为"CH8 \ 常规连接"，新建组件，组装"001. prt"，约束类型选择为默认，单击【确定】按钮完成。

组装"002. prt"，选择【常规】连接，这里设置两个【重合】约束，两个元件的圆柱面重合和平面重合，这样再设置【旋转轴】即可，常规连接如图 8-13 所示。如果前面只设置两个圆柱面重合，则等同于圆柱连接。

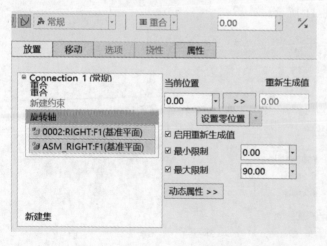

图 8-13　常规连接

在常规连接中，根据最后自由度的不同，有不同的选项设置，这里用常规连接来代替销连接，故出现旋转轴选项。

8.1.10　6DOF

6DOF 连接是元件与组件间无约束的一种连接，具有三个转动自由度和三个移动自由度，选择两个元件的坐标系作为参考，但注意不是约束。

设置工作目录为"CH8 \ 6DOF 连接"，新建组件，组装"001. prt"，约束类型选择为默认，单击【确定】按钮完成。

组装"002. prt"，选择【6DOF】连接，这里设置两个【坐标系对齐】参考，在【平移轴 1、2、3】中设置点与点重合，位置都设置为 0，注意这种方式只是确定了初始位置，不是约束，6DOF 连接如图 8-14 所示。

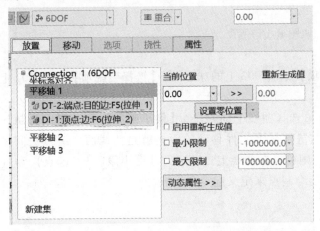
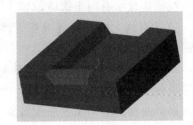

图 8-14　6DOF 连接

8.1.11　万向

万向连接类似于球连接，都有三个旋转自由度，没有移动自由度，但万向连接的约束是两元件的坐标系对齐。

设置工作目录为"CH8 \ 万向连接"，新建组件，组装"001. prt"，约束类型选择为默认，单击【确定】按钮完成。

再次组装"001. prt"，选择万向连接，如图 8-15 所示。

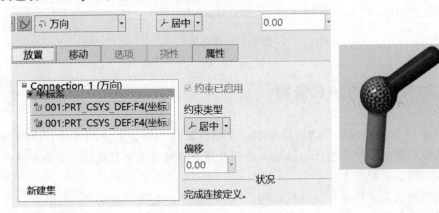

图 8-15　万向连接

在万向连接中只有一个选项设置：

【**坐标系**】：【**选择元件项**】选择第二个 001 上的坐标系，【**选择装配项**】选择第一个 001 上的坐标系，若坐标系不方便选择，建议在特征树中选择。

8.1.12　槽

槽连接可以使元件上的一点始终在另一元件中的一条曲线上运动，点可以是基准点也可以是顶点，曲线可以是基准曲线或 3D 曲线，也可以是多条曲线，但多条曲线必须连续。

槽连接有三个转动自由度和一个沿曲线移动的移动自由度。

设置工作目录为"CH8 \ 槽连接"，新建组件，组装"001. prt"，约束类型选择为默认，单击【**确定**】按钮完成。

组装"002. prt"，选择槽连接，如图 8-16 所示。

在槽连接中有两个选项设置：

1）【**直线上的点**】：【**选择元件项**】选择 002 上的球心点，【**选择装配项**】选择 001 上的曲线。

2）【**槽轴**】：【**选择装配零参考**】选择曲线上的终点，【**最小限制**】和【**最大限制**】分别选择曲线上的两个终点。实际上默认情况下元件移动的距离就是曲线两个终点之间的距离，如果曲线由多条曲线连续组成，则可以在曲线上自己定义【**最小限制**】（起点）和【**最大限制**】（终点），或者在曲线上自己绘制点来定义起点和终点。

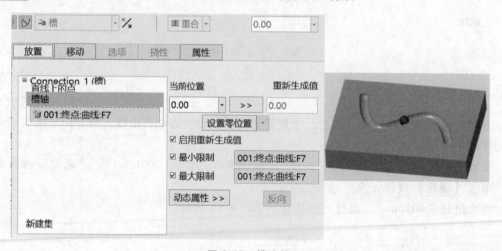

图 8-16　槽连接

8.2　发动机机构的仿真装配

在如图 8-17 所示的双缸发动机机构中，发动机缸体为固定不动的零件，而曲轴呈现旋转运动，曲轴的转动会带动连杆的运动，连杆再推动活塞做上下直线运动，有了这些初步的认识，先将其仿真装配起来。

设置工作目录为"CH8 \ 发动机机构"，新建组件，组装"缸体"，约束类型选择为默认，单击【**确定**】按钮完成，为了能够看到内部的结构，将其渲染成透明色。

组装"曲轴",采用销连接,但要注意平移中两平面的选择,目的是保证后续活塞和连杆的连接。

组装"连杆",采用销连接,此时为了选择平移平面更加方便,可以先隐藏"缸体"。

组装"瓦套",瓦套的装配可以采用第6章的装配方式,因为它和连杆是相对不动的,但装配时组件的约束元素必须选连杆上的图元。

组装"活塞",和缸体采用圆柱连接,然后新建集-销连接,和连杆建立销连接。

这样单个发动机机构就装配完成了,另外一个可以采用复制粘贴的形式进行,但要注意组件上的约束图元要一一对应,双缸发动机机构组装如图8-18所示。

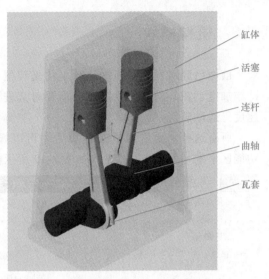

缸体
活塞
连杆
曲轴
瓦套

图 8-17 双缸发动机机构

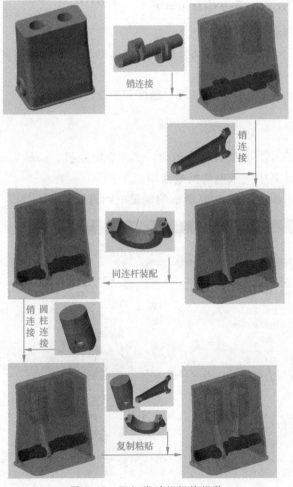

销连接

销连接

同连杆装配

销连接 圆柱连接

复制粘贴

图 8-18 双缸发动机机构组装

8.3 机构模块

前面已经对发动机机构进行了仿真装配，但要让其仿真运动起来，需要对其添加动力，即添加电动机，仿真运动起来后需要对其进行运动分析，了解机构上某点的位置、速度和加速度等运动轨迹。

所有这些需要进入机构模块后才可以操作，在8.2节内容的基础上单击【应用程序】功能区里的【机构】，即进入如图8-19所示的机构选项卡。

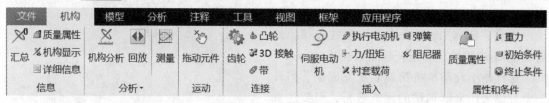

图8-19 机构选项卡

仿真运动的一般步骤是：

1）定义电动机，一般定义【伺服电动机】，可以由多个电动机组成。如有多个组成则需要定义其开始的时间顺序。

2）【机构分析】，一般设置为运动分析，设置好电动机和运行时间，要求运行时间在一周以上。

3）【测量】，测量某个点，进行位置、速度和加速度分析。

8.3.1 定义电动机

在Creo 7.0的仿真中，要使机构能运动，必须有电动机，Creo 7.0中的电动机有伺服电动机、执行电动机等，其中伺服电动机最常用。

单击伺服电动机，出现如图8-20所示的伺服电动机。

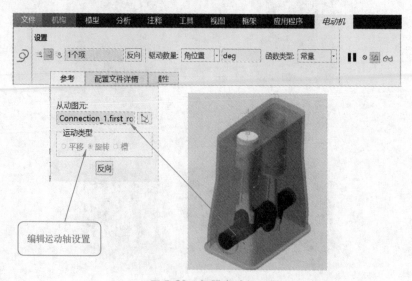

图8-20 伺服电动机

174

首先【参考】中的【从动图元】必须选择上一节中的各种轴（旋转轴、平移轴和槽轴），例如销连接里有旋转轴，圆柱连接和滑块连接中有平移轴。根据所选择轴的不同，【运动类型】会自动发生改变，并且【驱动数量】中单位也会发生改变。

选择曲轴上销连接的旋转轴，则展开如图 8-21 所示的配置文件详情面板，这里可以定义【驱动数量】、【电动机函数】以及相应的【系数】。

【驱动数量】中一般选择【角速度】，即旋转速度，默认单位是（°）/s，即度每秒。

常用的【电动机函数】有：常量、斜坡、余弦、摆线、抛物线、多项式、表和用户定义。

这里选用常量 $A = 30$（°）/s。

8.3.2　机构分析

单击机构分析，则弹出如图 8-22 所示的运动分析对话框，里面有【首选项】、【电动机】和【外部载荷】三个选项卡。

【首选项】选项卡中主要用于设置【开始时间】、【终止时间】和【动画时域】。

【电动机】选项卡中主要用于设置【电动机】

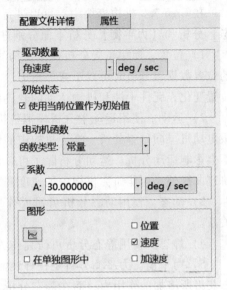

图 8-21　配置文件详情面板

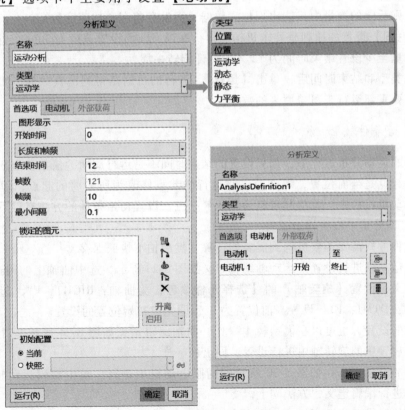

图 8-22　运动分析对话框

的【开始】和【终止】时间,当有多个电动机时,可以在这里设置各【电动机】的【开始】和【终止】时间。本案例中只有一个电动机,故这里不用考虑。

【外部载荷】选项卡用于【动态】、【静态】和【力平衡】类型下外部载荷的加载情况。

在 Creo 7.0 机构模块中,可以进行【位置】分析、【运动】分析、【动态】分析、【静态】分析和【力平衡】分析下面分别进行讲解。

1)位置。使用位置分析模拟机构的运动,可以记录在机构中所有连接的约束下各元件的位置数据,分析时可以不考虑重力、质量和摩擦等因素。位置分析可以研究机构中元件的位置变化,元件干涉和机构运动的轨迹曲线。

2)运动。使用运动学分析模拟机构的运动,可以使用具有特定轮廓或有限加速度的伺服电动机。同位置分析一样,机构中的弹簧、阻尼器、重力、力/力矩以及执行电动机等均不会影响运动分析。运动分析除了可以研究机构中元件的位置变化、元件干涉和机构运动的轨迹曲线外,还能研究机构中的速度和加速度等参数。

3)动态。使用动态分析可研究作用于机构中各主体上的惯性力、重力和外力之间的关系。

4)静态。使用静态分析可研究作用在已达到平衡状态的主体上的力。

5)力平衡。力平衡分析是一种逆向的静态分析。在力平衡分析中,是从具体的静态形态获得所施加的作用力,而在静态分析中,是向机构施加力来获得静态形态。

本案例中关键需要设置【类型】、【结束时间】等。

由于需要分析机构仿真运动中的速度、加速度等,故【类型】必须选择【运动学】,如选择位置,则后续的测量中只能出现位置数据,而没有速度和加速度数据。

【结束时间】设置的原则是要求机构能运行一周,前面设置速度为30°/s,这样12s旋转一周,故这里至少设置结束时间为12才能保证旋转一周。

设置完类型和结束时间后,单击【运行】,运行的目的是得到仿真数据。如果设置的数值更改,需要重新运行来覆盖原来的数据。

8.3.3 初始条件

在前面的运动分析过程中,如果设置的结束时间不是运行周期的倍数,重新运行后会发现,运动的起点是当前位置,那么应该将运行的起点修改为所需要的起点,即设置初始条件,如在发动机机构中,希望起点是活塞的最高点。设置初始条件的方法有以下两种。

1. 在机构分析中设置初始配置

采用这种方式需要调整机构到需要的位置,然后拍下快照保存。

首先对运动轴进行设置,运动轴编辑定义如图 8-23 所示,选中曲轴上的销连接旋转轴,进行编辑定义,设置【旋转轴】的【选择元件参考】为曲轴:RIGHT:F1,选择【装配参考】为缸体:DTM1:F1,设置当前位置为0°,即完成初始位置的设置。

运动轴的设置,也可以在模型树中操作,曲轴编辑定义如图 8-24 所示。对曲轴进行编辑定义,在放置里的旋转轴中进行设置,同上面一样。

运动轴的设置也可在如图 8-20 所示的伺服电动机中进行,单击编辑运动轴设置按钮,来对运动轴进行编辑定义,方法同上。

将当前位置设置为0°后,在【机构】选项卡下单击【拖动元件】按钮,弹出如图 8-25

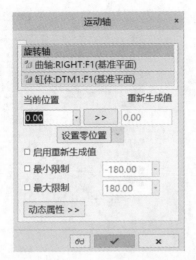

图 8-23　运动轴编辑定义

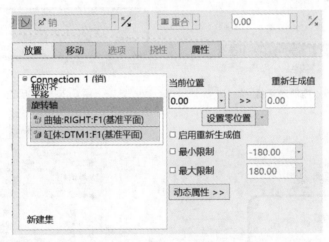

图 8-24　曲轴编辑定义

所示的拖动对话框，按下相机按钮，拍下当然配置的快照。

　　然后在机构树中展开分析，对运动分析重新定义，分析定义对话框如图 8-26 所示，将初始配置设置为【快照】模式，并选择相应的快照，重新【运行】，覆盖原来的旧数据即可。

　　2. 在电动机中设置初始条件

　　重新定义电动机，先对运动轴进行编辑定义，如图 8-20 所示的伺服电动机中的编辑运动轴设置，然后在如图 8-27 所示的初始条件设置中，【配置文件详情】中取消勾选【使用当前位置作为初始值】，则可以自己设置初始角，输入角度，如 90°、0°，通过旁边的预览判断是否为所需要的初始位置。这里，通过预览知道 0°位置为初始位置。

　　然后在机构树中展开分析，对运动分析重新定义，重新运行，覆盖原来的旧数据即可。

8.3.4　测量

　　接下来看怎么得到活塞上一点的运动分析结果。打开测量，出现如图 8-28 所示的测量结果对话框。

图 8-25　拖动对话框

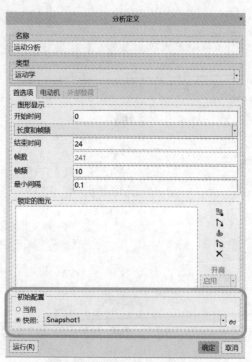

图 8-26　分析定义对话框

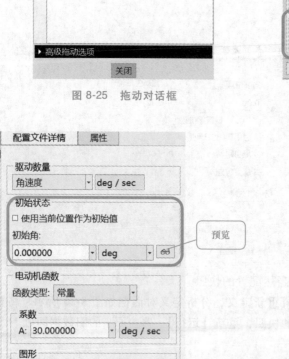

图 8-27　初始条件设置

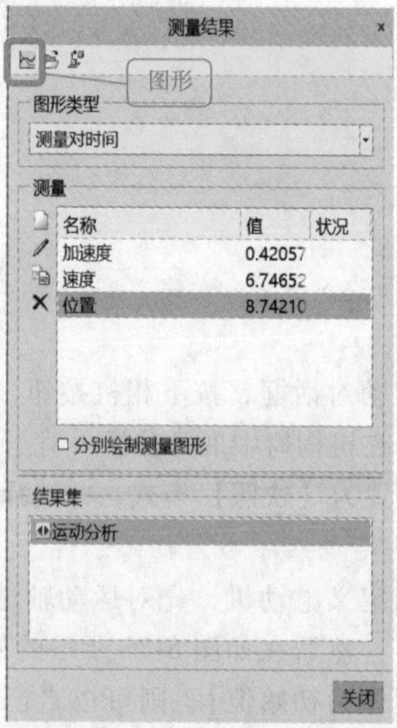

图 8-28　测量结果对话框

　　新建【位置】、【速度】和【加速度】三个测量，位置、速度和加速度定义对话框如图 8-29 所示，设置【点或运动轴】为【活塞：PNT0】，【坐标系】为组件的坐标系，可以在模型树中直接选择。

　　分别在如图 8-28 所示的测量结果对话框中单击图形按钮，可以得到三张运动轨迹曲线

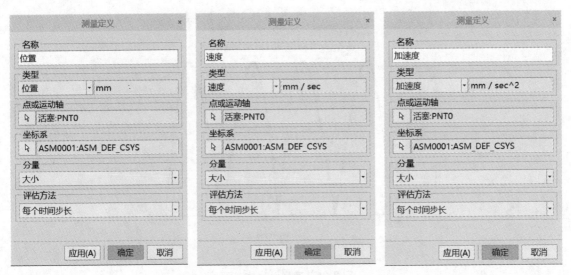

图 8-29 位置、速度和加速度定义对话框

图, 图 8-30 所示为位置运动轨迹图, 图 8-31 所示为速度运动轨迹图, 图 8-32 所示为加速度运动轨迹图。

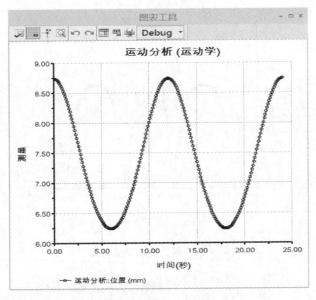

图 8-30 位置运动轨迹图

8.3.5 回放

可以对仿真运动进行视频录制, 单击机构选项卡中的回放, 弹出如图 8-33 所示的回放对话框, 这里可以对其进行【碰撞检测设置】和仿真视频播放。

单击碰撞检测设置, 弹出如图 8-34 所示的碰撞检测设置对话框, 可以设置碰撞检测的形式, 但这里要注意的是如果采用【全局碰撞检测】选项, 则计算过程会很慢, 特别是在运动分析中, 结束时间设置得长, 更加会影响计算速度, 故一般建议结束时间为一个周期。

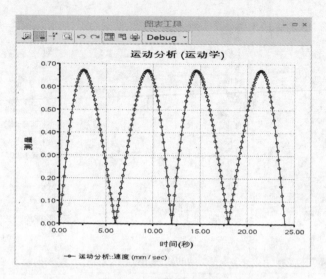

图 8-31　速度运动轨迹图

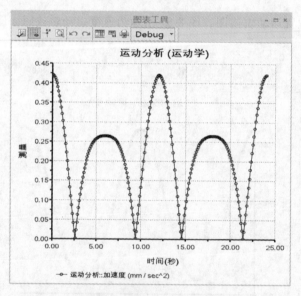

图 8-32　加速度运动轨迹图

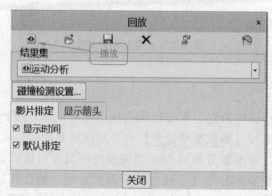

图 8-33　回放对话框

在图 8-33 所示的回放对话框中单击播放按钮，弹出如图 8-35 所示的动画对话框，可以设置播放的速度快慢以及用捕获按钮保存仿真视频。

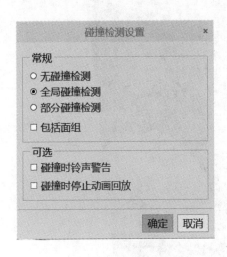

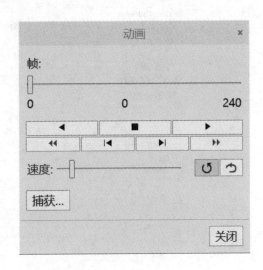

图 8-34　碰撞检测设置对话框　　　　　　图 8-35　动画对话框

8.4　凸轮的运动仿真和分析

在各种机械，特别是自动机械和自动控制装置中，广泛采用的一种机构是凸轮机构。在凸轮机构中，通常凸轮是一个具有曲线轮廓或凹槽的元件，并且凸轮通常为主动件作等速旋转，被凸轮直接推动的元件称为推杆（有些推杆上装有滚子），凸轮机构示意图如图 8-36 所示。

要实现这样的仿真运动就需要加入凸轮连接，下面通过具体例子来讲解凸轮连接。

设置工作目录为"CH8\凸轮连接"，新建组件，首先按默认约束组装"机架"；推杆采用滑块连接于机架；滚子采用销连接于推杆；凸轮采用销连接于机架。

进入机构模块，在【机构】选项卡中选择【连接】区域下的【凸轮】，弹出如图 8-37 所示的凸轮从动机构连接定义对话框，这里设置【凸轮 1】和【凸轮 2】的【曲面/曲线】，选择这两个曲面时勾选【自动选择】，方便选中整个环曲面。

图 8-36　凸轮机构示意图

设置伺服电动机，参考旋转轴为凸轮上的销连接旋转轴，设置速度为常量 30°/s，并在参考轴上设置初始位置，定义初始角度或用快照的形式保存下来。

进行机构分析，设置类型和结束时间，运行后单击【确定】按钮。

进行测量，在推杆顶端中心创建一点，对该点相对于凸轮坐标的运动进行分析。最后，得到如图 8-38 所示的凸轮机构运动分析图。

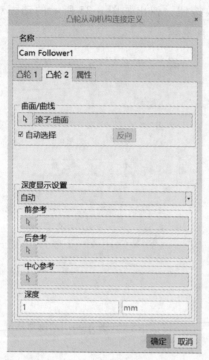

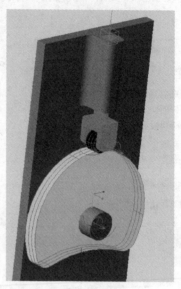

图 8-37　凸轮从动机构连接定义的对话框

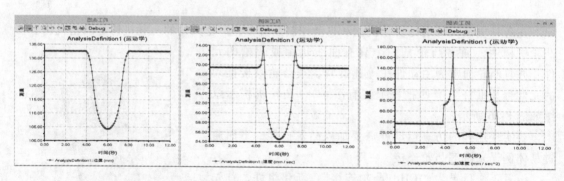

图 8-38　凸轮机构运动分析图

习　题

1. 设置工作目录为"CH8\牛头刨床"，组装刨床机构如图 8-39 所示，测量 P0 点相对于 ACS0 坐标的位置、速度和加速度运动轨迹，电动机设置在 Link1 上以常速 20（°）/s 转动。

2. 自行设计转向机构，如图 8-40 所示，转向角度为 120°，要求最后机构能 360°旋转并且元件之间没有干涉。

3. 自行设计凸轮机构，如图 8-41 所示，要求矩形框的上下行程为 30mm。

4. 自行设计提水机构，如图 8-42 所示，要求活塞杆的上下行程为 50mm。

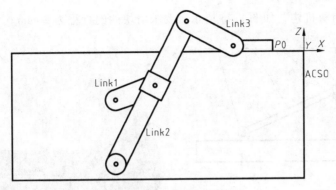

图 8-39 组装刨床机构

图 8-40 转向机构

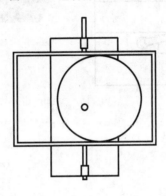

图 8-41 凸轮机构

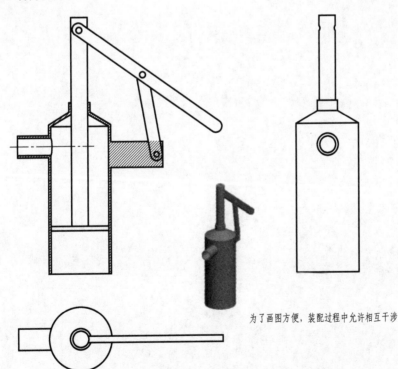

为了画图方便，装配过程中允许相互干涉

图 8-42 提水机构

5. 自行设计滑块机构，如图 8-43 所示，要求滑块的的行程为 20mm。

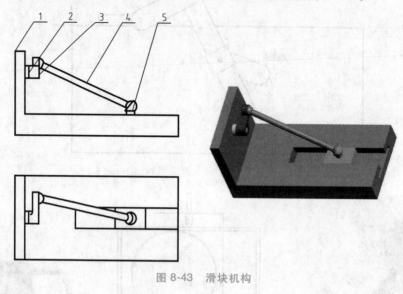

图 8-43　滑块机构

参 考 文 献

［1］ 詹友刚. Creo 6.0 机械设计教程［M］. 5 版. 北京：机械工业出版社，2021.

［2］ 肖扬，胡琴. Creo 4.0 机械设计应用与精彩实例［M］. 北京：机械工业出版社，2019.

［3］ 肖扬，张晟玮，万长成. Creo 6.0 从入门到精通［M］. 北京：电子工业出版社，2020.

［4］ 詹建新. Creo 7.0 造型设计实例教程［M］. 北京：电子工业出版社，2021.

参考文献